# 微醺最美！調酒師嚴選
# 低酒精調酒＆飲品
## Low Alcohol Cocktail & Drink

瑞昇文化

# 低酒精飲品的市場逐漸擴大中

## 以疫情為契機，酒類市場漸漸低酒精化

對於酒類飲品的市場需求，雖然在近年來烈酒曾蔚為話題，不過在另一方面，低酒精度數飲品的愛好者也著實增加。在原本就有飲酒習慣的族群中，向過去那樣豪飲的人幾乎少之又少，品嚐適度的酒精，度過優雅夜晚時光的族群，以及追求搭配料理的酒精飲品的族群逐漸增加。

新冠疫情所帶來的生活變化，似乎也促進了酒類飲品的低酒精化。在家用餐頻率的提高，成為重新審視飲食生活的契機，為了擁有健康的生活，越來越多人也將飲酒習慣改變為對於身體負擔較少的類型。

也許是反映這樣的需求，許多酒類大廠牌紛紛推出低酒精的啤酒、燒酎調酒（Chu-hai）及紅酒，並成為話題（參閱第 5 頁介紹）。和過去相較之下，接觸到低酒精飲品的人逐漸增加中。另外在餐廳或是酒吧中，也陸續出現會在飲料單中特別標註「低酒精」飲料的店家。

## 重度飲酒族群也正在普及中

疫情也為重度飲酒族群帶來了變化。

自日本政府發布緊急事態宣言，雖然店家提供酒類飲品的時間受到限制，不過餐飲店的營業解除限制後，有些酒吧或居酒屋等飲酒的店家會提早營業時間。對於客人而言時間也變短的關係，平常就有外出飲酒習慣的人們，變得從下午或傍晚就會前往店裡。

然而，越來越多來喝酒的顧客會在意「天還很亮，所以還不想喝醉」，或是「這個時間就紅著一張臉搭電車，太引人注目了」。雖然想要享受美酒或是當下的氛圍，但是還沒辦法像以前那樣喝……。就算是重度飲酒族群，心境如此的客人開始注意到過去從未點過的低酒精調酒。

學習調製滿意度高的低酒精調酒，作為日常生活中的酒精飲品，之後也期待受到重度飲酒族群的青睞。

## 酒精度數原則為 2 ～ 8% 的調酒

對於低酒精飲品感到興趣的族群增加，像是酒吧等以飲酒為主的餐飲店，變得必須要提供能夠應對這些顧客需求的飲品。因此本書採訪了調酒專家——調酒師們，請教低酒精調酒的調製方法。

關於「低」的定義，事先詢問了許多調酒師意見後，本書定義為「原則上酒精濃度為 2～8%」。這是因為酒精濃度在 2% 以下，一般較難以感受到酒精成分，而 8% 以上也有些與紅酒或調酒相同的度數，反而無法稱為「低酒精」。

不過，也有些調酒師認為「2% 以下也會感受到酒精」、「雖然是 8% 以上，但其實比一般的調酒還低」，對於「低酒精」抱持不同的看法。這時候會以調酒師的想法為優先，為各位介紹調酒。

## 降低酒精的同時，提高滿足感

一般而言，調酒是由甜味、酸味及酒精這三個要素的協調度來呈現味道。若只是單純降低酒精的使用量，會讓酒體變得薄弱，降低飲用時的滿足感。本書的主題並不是零酒精的「Mocktail（無酒精調酒）」，而是帶有酒精的「低酒精」調酒，因此本書將介紹降低酒精度數的同時，又能調製出能獲得滿足感的飲品所需的概念及配方，並且作為餐廳等其他業種的應用參考。

此外，有別於低酒精化潮流，部分年輕人逐漸脫離酒精的現象從以前就受到矚目，這些族群也被稱為「Sober Curious（清醒世代；意指刻意不喝酒的人）」。本出版社特別為以這些族群為目標客群的餐飲店，於 2021 年 8 月出版了《MOCKTAIL BOOK——人氣無酒精調酒的世界》一書，也請務必過目。

旭屋出版編輯部

## Suntory 三得利

三得利以酒精成分為 3 ～ 7% 為主打市場，推出許多 RTD（Ready to Drink 的簡稱。購買後「可以直接飲用」的意思）酒精飲料。該品牌也致力發展「CRAFT-196℃」（酒精成分 6 ～ 7%）、「微醉」（3%）、「Kodawari 酒場檸檬沙瓦」（6%）、「翠 GIN 蘇打罐裝」（7%）、機能系 Chuhi「Green Half」（5%）等產品。

根據該品牌於 2021 年所進行的調查得知，RTD 市場已經連續 14 年向上提升。尤其是檸檬 RTD 市場大幅增加。結果顯示，低酒精 RTD 使用者在自家飲用 RTD 所感到的魅力為「很開心」、「微醺的感覺很舒服」，重視「恰到好處的微醺感」的人，最想要喝的是酒精成分 3% 的酒精飲料。此外，在同一個調查中也出現「想要試看看不同的種類」、「希望能更精緻一些」等意見，顯示對於 RTD 的需求逐漸多樣化，該品牌將會充分利用產品開發創造需求，提案新的價值，回應消費者的需求，對於市場的活化做出貢獻。

自 2019 販售以來就很受歡迎的品牌「微醺」，「檸檬蜜柑」為 2022 年 2 月販售。口味的種類也非常豐富。

-196℃ 製法的果實浸泡酒，使用 Spirits Liquor 工房的原料酒。還有「柳橙」及「蘋果」（酒精成分 6%）口味。

## Sapporo 啤酒（札幌啤酒）

Sapporo 啤酒販售的低酒精飲品是帶有微微酒精啤酒風味的「The DRAFTY」。

專為喜愛啤酒的客層當中，不想喝太醉或是健康取向的族群而開發出的產品，酒精成分僅有 0.7% 的同時，以 100% 麥芽生啤酒為原料，能感受到天然香氣及麥芽甜味的滑順風味，喜愛啤酒的人也能接受的魅力。

關於低酒精飲品的市場，「對於 2026 年的啤酒類的酒稅一稅額改制，認為還有很大的發展空間。為了能在新的酒精飲品市場佔有一席之地，不斷嘗試的同時進行各種市場調查活動」（Sapporo 啤酒品牌負責人）説道。

原料為 100% 麥芽生啤酒，喜歡啤酒的人也能接受的味道。酒精成分為 0.7%，適合喜愛啤酒風味的族群。

## Asahi 啤酒（朝日啤酒）

Asahi 啤酒目標實現不論飲酒與否，都能互相尊重的社會，推動「Smart Drinking」。為了讓每個人能依照自己的節奏，提供更多享受舒適時光的選項，推出酒精成分 0.5% 的「Hibally」及「Beery」。「包含無酒精飲品在內的低酒精市場呈現高成長趨勢，之後也預估會逐漸成長。在當品牌的調查中，『不喝酒／沒辦法喝酒』的人在日本國內預估為 4000 萬人。之後會掌握客人的需求及喜好，推出尊重多樣性的商品及服務，企圖擴大市場」（Asahi 集團 Japan 宣傳部）

酒精濃度為 0.5% 的 Highball。由 Nikka Whisky 品牌調酒師嚴選而來的麥芽原酒與穀物原酒搭配而來的正宗風味。

# CONTENTS 目錄

**閱讀本書之前**

● 本書採訪並介紹人氣酒吧的調酒師對於低酒精、調酒的配方及想法。

● 「低酒精」的定義原則上是設定在 2% ～ 8% 之間。這是與調酒師們事先討論後，認為 2% 以下通常難以感受到酒精，而 8% 以上就和含有相同程度調酒或是葡萄酒別無差異，反而無法稱之為「低度數」。不過，也有些調酒師認為「2% 以下也會感受到酒精」、「雖然是 8% 以上，但其實比一般的調酒還低」，對於「低酒精」抱持不同的看法，這時候會以調酒師的想法為優先。

● 本書中所介紹的調酒，是 ABV（Alcohol By Volume）標示大致的酒精濃度。

● 酒精濃度是以「調酒原料（酒）的量 × 所含有的酒精濃度（%）＋副原料的量 × 所含有的酒精濃度（%）÷ 調酒所使用的原料總量＋冰塊融化量」計算而來。冰塊的融化量不論攪拌或搖盪與否，都設定為 10mL。

● 調酒名稱是由當時訪問的調酒師所提供，基本上為英文或是日文。英文標記時每個單字的第一個字母通常為大寫標示，也有些根據要求全都大寫標示。

● 各店的概要為 2022 年 4 月 28 日當時的資訊。

# Cocktail Bar **Nemanja**

## 北條 智之

### 經營者兼調酒師

歷經就職「Bar Pigalle」、「東京會館」、「Grand Palace Hotel」後，於「Cocktail Bar Marusou」擔任統籌經理長達 17 年，於 2013 年開始經營「Cocktail Bar Nemanja」。一般社團法人全日本花式調酒協會名譽會長、亞洲調酒師協會顧問、「費迪南經典薩爾琴酒・日本據點」顧問。

低酒精飲品不足的部分，
就用辣味、酸味或是苦味的刺激
來補足

這兩年間因為疫情的關係，不想喝醉酒回家，或是想安靜小酌的客人漸漸增加。也許這就是低酒精調酒受到關注的原因之一。原本女性客群就是如此，而男性客群當中喜愛小酌的人似乎變多。藉由低酒精調酒享受氣氛的客層想必會越來越多。

我自己原本就很喜歡包含調酒在內的各式混合飲品，從無酒精調酒受到矚目之前，便經常收集許多國外的相關資訊。也因此對於低酒精調酒的種類有了充分的了解。

在我的看法當中，「低酒精」的定義其酒精濃度和啤酒一樣，頂多不超過 5%。最低也至少要有 2%，否則就幾乎感受不到酒精。若超過 7～8% 的話，也有許多相同程度酒精濃度的紅酒或調酒，因此難以稱之為低酒精。

也正是因為這樣，為了當作無酒精調酒（Monktail）或是低酒精調酒的材料，我開發了「無酒精琴酒 Nema 0.00%」系列，也開發指導來自於橫濱當地的通寧水等，研發各種調酒材料。並利用這些材料，目前提供約 30 種低酒精調酒。

將調酒低酒精化，當然會減弱酒精帶來的刺激感或滿足感。因此若要能接受這種低酒精的質地（濃度），關鍵在於用怎樣的方式來補足。

用標準調酒加以變化時，要呈現出和原本調酒相同的甜味及酸味平衡，重現足夠的酒體（body）。我通常會用辛辣的刺激（辣椒或薑）、醋等酸味刺激及苦味刺激等，來彌補減少酒精濃度而不足的部分。

## Cocktail Bar Nemanja

■地址　神奈川県横濱市中区相生町 1-2-1
　　　　リバティー相生町ビル 6 階
■電話　045-664-7305
■ URL　https://www.bar-nemanja.com/
■營業時間　18:00 ～隔天 2:00
　　　　　（週六營業至 23:00）
■公休日　週日、例假日

# Chica Margarita

瑪格麗特女孩

ABV
5.7 %

將龍舌蘭調製而來的代表性短飲型調酒——瑪格麗特，製作成低酒精調酒。主角龍舌蘭只用了 5ml，因此不論如何印象都會被削弱。所以使用了和龍舌蘭相同原料，但是個性更強烈的梅斯卡爾酒代替龍舌蘭，就算少量也能充分展現調性。此外，低酒精調酒在搖盪（shake）時會讓液體變硬，難以充分混合，因此使用攪拌法（stir）調製而成。通寧水熬煮至 1/4 的量，增強苦味，讓酸味更柔和。接著用混合了乾燥辣椒及乾燥萊姆汁的 Tajin（墨西哥鹽）點綴雪花，增添風味特色。喝第一口會嚐到酸味，讓人感受不出是低酒精，彷彿像在喝瑪格麗特般的風味。

梅斯卡爾（Mezcal）⋯5ml
君度（Cointreau）⋯5ml
熬煮過的通寧水⋯40ml
萊姆汁⋯10ml

墨西哥辣椒鹽 Tajin

*1* 先用 Tajin 點綴玻璃杯緣。

*2* 將材料放入攪拌玻璃杯中，攪拌後倒入 **1** 的玻璃杯。

用個性更強烈的梅斯卡爾酒代替龍舌蘭，就算量少也能展現出龍舌蘭的味道。酒精濃度為 37%。

# Amour Ferulu

戀愛費魯魯

ABV
2.5%

「紫羅蘭橙酒（Parfait Amour）」因為顏色非常漂亮，在日本是廣為人知的紫羅蘭利口酒。與琴酒調製而來的「Blue Moon」，或是與檸檬糖漿調製的「紫羅蘭琴費士（fizz）」，可說是最知名的調酒。在這裡與「無酒精琴酒 Nema 0.00%」搭配，以及也很適合花朵的「FARR BROTHERS 花朵通寧水」增添花香。只有調酒才能呈現的美麗色彩以及花朵香氣，讓人忘了酒精濃度的薄弱。裝飾（garnish）用的可食用花或是香草，也能增添華麗的氛圍。

「無酒精琴酒 Nema 0.00% Standard」
…30ml
「紫羅蘭橙酒」…15ml
「FARR BROTHERS 花朵通寧水」…90ml

可食用花
喜愛的香草（照片為茉莉、鼠尾草、茴香、胡椒薄荷）

*1* 於放入冰塊的葡萄酒杯中，倒入「紫羅蘭橙酒」及無酒精琴酒。

*2* 倒入通寧水，再用可食用花及喜愛的香草裝飾。

由北條先生所開發出日本首創的「無酒精琴酒 Nema 0.00% Standard」。不使用琴酒就能呈現出琴酒的風味，因此是調製低酒精飲品的最佳原料。

為手工琴酒所開發出的通寧水。帶有玫瑰、洋甘菊、柑橘、西洋接骨木的香氣。也添加了黃楝皮（苦木的樹皮），久久不散的苦味餘韻為其特色。

# First Fashioned
第一古典

ABV
8.1 %

配合近年來也受到矚目的苦味調酒（bitter cocktail），因此使用了苦精（bitters）製作了低酒精調酒的配方。將經典調酒中簡單又受歡迎的這款調酒，調配出低酒精版本。「古典調酒（old fashioned）」通常是將苦精滴在方糖上，再倒入波旁威士忌。然而調查了發源地的調酒後，才知道此款調酒的重點在於櫻桃的味道及香氣，因此運用的櫻桃的風味進行調製。不使用波旁威士忌，而是加入無酒精的威士忌以及在橡木桶中熟成的櫻花調酒（cherry blossom），最後放入龍舌蘭糖漿當作甜味。古典調酒是一款酒精濃度最少也有 30% 的強烈調酒。希望就算不習慣如此烈酒的人第一杯也要試試這款，因此取名為「First」，習慣後絕對要來一杯經典的「Old」。

「無酒精琴酒 Nema 0.00% Whisky」…45ml
在橡木桶中熟成的櫻花調酒（Cherry Blossom）
…15ml
「Ferdinand's Bitters Red Vineyard Peach Hops
苦精」…1dash
龍舌蘭糖漿…5ml

柳橙果皮
馬拉斯奇諾櫻桃
薄荷葉

*1* 將材料倒入古典調酒的酒杯中，放入冰塊。

*2* 裝飾馬拉斯奇諾櫻桃、柳橙果皮及薄荷葉。

「無酒精琴酒 Nema 0.00%」系列中的一款。帶有威士忌的香氣。

特色是風味清爽。Peach Hops 的苦精。酒精濃度為 44%。

將來源自橫濱的調酒「Cherry Blossom」放入橡木桶中熟成 45 天。另外也添加了香艾酒（Vermouth），因此這款調酒味道更接近羅伯洛伊（Rob Roy）。

# Madam Negroni
尼格羅尼夫人

ABV
5.5 %

最近擁有人氣的「尼格羅尼（Negroni）」，是來自於義大利的調酒。將琴酒、香艾酒（Vermouth）、肯巴利（Campari）依相同比例製作而來，是一款帶有華麗且微微苦味的經典短飲型調酒。將通常酒精濃度約為 28% 左右的濃烈調酒，製作成入口清爽的低酒精長飲型配方。不使用琴酒，配合香艾酒的特色及肯巴利苦味，藉由通寧水調製出清爽的口感，補足琴酒的香氣。

Sweet Vermouth 甜香艾酒…20ml
Campari 肯巴利…20ml
「FARR BROTHERS 柑橘通寧水」…100ml

可食用花（照片為苦艾草）
粉紅胡椒
柳橙皮

*1* 於放有冰塊的玻璃杯中，加入甜香艾酒及肯巴利。

*2* 加入通寧水。

*3* 裝飾可食用花、粉紅胡椒，最後將橙皮輕扭後放入。

香艾酒所使用的是苦味以及甜味皆具有深度的 Carpano 品牌的「Antica Formula」。酒精濃度為 16.5%。

選擇的通寧水為 FARR BROTHERS 的「柑橘」。使用了綠豆蔻及肉豆蔻，並且帶有柑橘的苦味。

# Smart Martini

苗條馬丁尼

ABV
5.9 %

將酒精濃度約為 35%，屬於高酒精濃度調酒的代表「馬丁尼」製作成低酒精的類型。其實平常也會提供低酒精類型的馬丁尼，不過這裡製作了另一種配方。由於馬丁尼的配方非常簡單，若要減少酒精濃度，除了減少主材料琴酒的比例之外別無他法，結果就會讓酒精失去骨幹，因此使用了「無酒精琴酒」。琴酒的類型並非乾琴酒，而是以帶有甜味的老湯姆類型為主體，再加上艾碧斯類型，呈現出酒體的骨幹。整體的骨幹則是由金合歡蜂蜜的甜味帶出。風味是由香艾酒呈現。這裡使用的香艾酒是與艾碧斯稍微相似的類型。最後再用醋添加一些刺激性。

「無酒精琴酒 Nema 0.00% Old Tom」…40ml

「無酒精琴酒 Nema 0.00% Absinth」…10ml

「Ferdinand's White Barrel Aged Vermouth」香艾酒…30ml

金合歡蜂蜜…10ml

「Ferdinand'sBitterRiesling & Quince」…1dash

葡萄醋…5ml

橄欖
柑橘皮

**1** 材料放入混合杯中，蜂蜜充分溶解後，加入冰塊攪拌。

**2** 倒入玻璃杯，放進橄欖，將橙皮輕扭後放入。

「無酒精琴酒 Nema 0.00%」的老湯姆。沈穩的甜味為其特徵。

「無酒精琴酒 Nema 0.00%」的艾碧斯，使用了 9 種植物。

德國的琴酒廠商製作的香艾酒，香味與艾碧斯相似。酒精濃度為 18%。

# Salty Caramel

鹽味牛奶糖

ABV
3.2 %

自數年前起，源自於橫濱的生牛奶糖蔚為話題以來，就一直有「想製作喝的鹽味牛奶糖」的想法，因此調製出這一款原創的甜點調酒。將液體狀的鹽麴溶解後，加入大豆卵磷酯打成發泡狀的「Salt Aire」大量裝盛在杯中，視覺上也充滿樂趣。這個泡沫的鹽分能帶出有如牛奶糖般的甜味，所以就算是不擅長喝酒的女性，也能彷彿在喝飲料一樣品嚐。酒精濃度減弱的部分，是由牛奶及蛋黃的濃郁口感來補足。

焦糖利口酒…30ml
焦糖漿…15ml
蛋黃…1 顆份
牛奶…60ml
液體鹽麴…5ml

Salt Aire（大豆卵磷酯、熱水、液體鹽麴）

*1* 製作 Salt aire。將大豆卵磷酯溶解於熱水中，再加入液體鹽麴溶解後，用打泡器打出細緻堅固的泡沫。

*2* 將其他材料放入攪拌杯中攪拌。

*3* 倒入玻璃杯中，再放上大量 1 的 Salt aire。

使用了日法共同開發的焦糖利口酒「Vedrenne Crème De Caramel」。酒精濃度為 15%。

# LOW-NON-BAR

## 高橋 弘晃

調酒師

於銀座的老字號酒吧歷經調酒師修業，之後也學習了調酒（Mixology）的相關工作。於2016年進入 Orchard Knight 公司，任職於「COCKTAIL WORKS東京」店，從2020年起擔任無酒精部門的負責人，並於2021年重新開店的「Low-Non-Bar」擔任調酒師。

## 作為低酒精、無酒精的專門店以獨創的方式來添加香氣

當我在以提供酒類為主的酒吧工作時，以即興方式創作低酒精調酒的時候，主要是用無酒精調酒（Mocktail）為架構，再加上一點伏特加等調整酒精濃度。然而作為無酒精或低酒精調酒的專門店，在製作低酒精調酒時，對於少量酒精的所扮演的角色（並非不得不放入酒精）相關想法整理如下。

如果是一般的酒吧，通常都是以經典調酒為基底，然而「LOW-NON-BAR」基本上提供的是無酒精飲品，對於低酒精調酒的概念稍有不同。大多是由無酒精調酒補足香氣調製而成。

從顧客的角度來看，雖然酒精濃度也很重要，不勝酒量的人真正在意的並非酒精對自己的影響，而是攝取量。因此酒吧所提出的概念，就像是喝完濃烈的調酒或酒之後，也有慢慢品嚐少量醒酒飲料（chaser）這個選擇。

基底使用蒸餾酒時，應充分發揮其擁有的特色。基本上是由酒精、水、香味成分所構成。關於只能加入少量酒精的低酒精調酒，如果想要像平常的經典調酒般，調製出藉由

酒精品嚐風味的骨幹，幾乎是不可能，因此集中在如何運用香氣，比較容易思考配方。比起酒精的濃淡，蒸餾酒的優點在於不論水溶性或脂溶性，都能使各式各樣的香氣成分停留在液體中。

另一方面，釀造酒、苦精或是利口酒等都含有各式的風味，所以活用這些風味就能讓低酒精調酒的變化更豐富。尤其是苦精等能夠充分發揮苦味，是調製風味骨幹的重要材料。作為嗜好品嚐飲食時，經常含有苦味或澀味，因此在製作低酒精調酒時這些也是很重要的要素。

## LOW-NON-BAR

■地址　東京都千代田区神田須田町 1-25-4
　　　　マーチエキュート神田万世橋 1 階 -S10
■電話　03-4362-0377
■URL　https://orchardknight.com/bar/
　　　　low-non-bar
■營業時間 14:00 ～ 23：00
■公休日　無公休（以購物中心公休日為準）

# Woodland Mist

林地迷霧

ABV
4.2 %

乳香（frankincense）在古代非洲是作為祀奉神明的香而受到重視，也許是因為柔順的質地，所以有人形容乳香為「森林之霧」，發揮其特色創作而來的調酒，也取名為「林地迷霧」。為了讓視覺上能夠表現出「迷霧」，因此焚燒檸檬香茅的香薰煙霧。第一印象的迷霧迷幻感，再加上香氣的特色，就算酒精濃度低也能喝得盡興。風味的份量感是由無酒精的日本酒呈現。大吟釀的香氣也是非常適合搭配乳香香氣的材料。香氣及味道都有強烈的柑橘香味，因此將香料磨碎後再放入酒精中浸泡，以避免香料的味道被蓋過。

乳香伏特加（※）…10ml
無酒精日本酒「月桂冠」…10ml
檸檬汁…10ml
檸檬冰沙（※）…10ml
蘇打水…45ml
杜松子…4 粒
小荳蔻…1 粒
肉豆蔻…極少量

檸檬香茅的香薰煙霧

*1* 乳香伏特加與香料混合，香料用研磨槌等磨碎，使香氣融入酒精中。

*2* 用濾茶網過濾倒入紅酒杯中，加入無酒精日本酒、檸檬汁、檸檬冰沙。放入冰塊輕輕攪拌。

*3* 倒入蘇打水（可用硬水代替）後，注滿檸檬香茅的香薰煙霧。

以大吟釀的風味為概念，酒精濃度 0.00% 的飲料，能帶出風味的份量感。

## ※ 乳香伏特加

乳香樹脂（有機）…5g
伏特加（「Ketel One」或是「Sobieski」）…200ml

*1* 乳香樹脂加入伏特加內，浸漬約 3 天。
*2* 用咖啡濾紙過濾。

## ※ 檸檬冰沙

檸檬…適量
砂糖…適量

*1* 盡量選擇皮薄、表面光滑的檸檬，用沾有蔬果洗潔劑的鬃毛刷仔細刷洗表面，將蠟去除。
*2* 用削皮刀削去果皮，檸檬果肉輕輕擰出果汁。果皮保留。
*3* 測量檸檬汁的份量，加入同樣重量的砂糖，放入夾鏈袋中，再放入 2 的檸檬皮並輕輕揉捏，靜置半天～1 天。
*4* 檸檬表面的油脂釋出，砂糖溶化後，連同 2 榨出的檸檬汁一起放入鍋裡。
*5* 開小火一邊攪拌加熱，砂糖溶化後關火過濾，急速冷卻。

# Survive
# In The Afternoon

午後倖存

將大文豪海明威所發明的調酒「午後之死」變化而來的一款調酒。原本的調酒使用了琴酒及香檳，特色是豐富且帶有衝擊感的風味，在國外也很受歡迎。加以變化時不能少了香檳，因此用無酒精的氣泡酒代替。琴酒則是使用很適合搭配香檳，即使少量也擁有豐富香氣的艾碧斯（Absinth）。艾碧斯是深受「行家」喜愛的酒，如果製作成低酒精調酒的話，不勝酒力的人也能品嚐。接著用覆盆莓甘露（Cordial）將這些材料串連起來。酒精濃度雖然低，不過具有獨特酸味及溫和風味的乳清，能帶出整體的醇厚度，增添醇和感。複雜的構成讓人感受不出來是低酒精的調酒。

「Absinthe A.Junod」艾碧斯…10ml
覆盆莓甘露（※）…20ml
乳清（※）…50ml
「JOYEA Organic Sparkling Chardonnay」…適量（照片中為60ml）

*1* 將「JOYEA」以外的材料搖盪混合。
*2* 倒入大一點的庫柏杯（coupe glass）中，最後加入「JOYEA」注滿。

於法國酒莊製造，酒精成分不到0.1%的葡萄酒風味飲料，代替香檳使用。

### ※ 覆盆莓甘露

覆盆莓…300g
砂糖…240g
玫瑰水或是「無酒精琴酒 Nema0.00% Standard」…30ml
Spirytus 伏特加…15ml

*1* 覆盆莓用攪拌機攪成泥狀。
*2* 加入砂糖再次攪拌至溶化，加入其他材料，再用網格較細的濾茶網過濾。

### ※ 乳清

牛奶…100ml
檸檬汁…10ml

*1* 鍋中加入牛奶，用小火慢慢加熱至50℃後關火。
*2* 於 *1* 的鍋中加入檸檬汁輕輕攪拌，靜置10分鐘等待乳清分離。
*3* 用紗布或是廚房紙巾過濾，放入冷藏保存。
☆ 也可以將原味優格用紗布過濾代替使用。

# Spicy Mule

香料驢子

ABV
2.0 %

以伏特加為基底，使用 6 種香料帶來香味衝擊的調酒。將竹葉浸泡於伏特加中，增添綠葉的香氣。不會有青草味，反而像是野牛草伏特加（zubrovka）般的風味。將香料磨碎加入這個伏特加中，香氣彼此撞擊成複雜的風味，就算來自於伏特加的酒精濃度較低，也不會感到太薄弱。還帶有薑汁啤酒的香氣，雖然酒精濃度只有 3%，不過卻能有「品嚐到美酒」的滿足感。是一款具有低酒精化意義的調酒。

竹葉伏特加（※）…10ml
綜合香料（※）…1set
萊姆汁…10ml
薑汁啤酒「FEVER TREE」
…適量（照片為 100ml）
新鮮鳳梨…1/8 個

八角

1　混合香料放入竹葉伏特加內，再用研磨槌等磨碎，使香氣轉移至伏特加內。

2　用濾茶網過濾，加入萊姆汁及新鮮鳳梨後，用攪拌機攪拌。

3　用網格較粗的濾茶網過濾，倒入已放有冰塊的岩杯（rock glass）中。

4　放上八角裝飾。

### ※ 竹葉伏特加

伏特加…700ml
熊笹葉（維氏熊竹）…4 片

1　熊笹葉用水稍微洗過，擦乾水氣。

2　將 1 的熊笹葉放入伏特加中，浸泡 1 週後即可使用。熊笹葉也可以一直浸泡。

### ※ 綜合香料

錫蘭肉桂…約 3 ㎝
粉紅胡椒…1 小匙
芫荽籽…1 小匙
小荳蔻…2 粒
丁香…2 粒
鷹爪椒…依個人喜好加入

使用了 3 種不同風味生薑，辣味帶有後勁的薑汁啤酒。

# The Woman
# In The Red Dress

紅衣女人

ABV
1.8 %

以電影《駭客任務》中登場的紅衣女人為參考，運用覆盆莓果汁呈現紅色，調製出一款表現「危險香氣」的調酒。低酒精調酒要呈現骨幹時，苦味是非常有效的手法，因此試著用近年來受到矚目的苦精來製作調酒。苦精使用苦味及甜味均衡的「Angostura Bitters」5～8ml，並搭配很適合的草莓。酒精濃度僅有 1.8%。將酒精濃度下降容易使風味變得單調，因此搭配了肉豆蔻的柔和微苦香氣。肉豆蔻酊劑（tincture）是將肉豆蔻浸泡在高酒精濃度的 Spirytus 伏特加當中，不過在浸漬後有加水降低 40% 調整濃度。

「Angostura Bitters」苦精 ( 或是適合與喜愛的莓果類搭配的苦精 )…5～8ml
覆盆莓汁…30ml
柳橙汁…20ml
香草糖漿（※）…5ml
肉豆蔻酊劑（※）…1dash
草莓（「栃乙女」等香氣強烈的品種）…3～4 顆

*1* 將所有材料放入攪拌機內攪拌。
*2* 用波士頓雪克杯搖盪，注入玻璃杯中。

### ※ 香草糖漿

水…200ml
砂糖…200ml
香草膏…適量

*1* 水倒入鍋中煮沸，加入砂糖溶化後關火。
*2* 加入香草膏，藉由餘熱溶於水中後，再將鍋了浸泡於冰水中急速冷卻。

### ※ 肉豆蔻酊劑

肉豆蔻…10g
「Spirytus」伏特加…45ml
水…45ml

*1* 肉豆蔻浸漬於 Spirytus 中，於常溫放置 3 天。
*2* 過濾肉豆蔻，加入水。

☆ 加水後會讓液體變得白濁，因此不加水直接用也可以，但是酒精濃度會比較高，使用時請注意份量。

# 薔薇／米燒酎／荔枝

ABV
3.8 %

基底所使用的酒是為了酒吧專用而開發的米燒酎。特有的酯香很搭玫瑰的香氣，因此搭配了使用玫瑰的材料。「玫瑰康普茶」是先泡出玫瑰花茶，再以其為基底加入醋酸菌發酵而來。帶有玫瑰的香氣及微微的酸味。玫瑰風味與荔枝也很搭，所以加了少量的荔枝利口酒「Dita」。將適合搭配的材料加以組合，就算酒精濃度低，混合而成的香氣也能提升飲用時的滿足感。

米燒酎「The SG Shochu KOME」…10ml
玫瑰康普茶（※）…適量（照片為 90ml）
「Dita」荔枝利口酒…3drop

簡易糖漿＆檸檬汁
…分量外（用來調整康普茶的味道）

*1* 所有材料倒入攪拌杯中，輕輕攪拌（康普茶的風味會隨著時間變化，因此可用簡易糖漿＆檸檬汁來隨時調整）。

*2* 倒入葡萄酒杯中。

以「在酒吧品嚐」為概念開發而來的米燒酎。帶有類似吟釀酒的香氣。酒精濃度為 40%。

### ※ 玫瑰康普茶

紅玫瑰…5g
粉紅玫瑰…5g
水…300ml
砂糖…適量
「紅茶菌」…1 小塊

*1* 玫瑰花瓣加入煮沸的熱水中，悶熱 2 ～ 4 分鐘。

*2* 加入花茶 1/10 量的砂糖，攪拌溶化。

*3* 急速冷卻後，放入乾淨的玻璃容器中，加入紅茶菌。

*4* 用乾淨的紗布蓋住瓶口，再用橡皮筋等確實封住。

*5* 每天試味道，發酵至喜愛的風味時放入冷藏保存。

☆ 夏季約發酵 3 天，冬季約一週。發酵至自己喜愛的風味後，用濾茶網過濾，放瓶中冷藏保存。

# Expresso / Spice / Banana

有如甜點般濃稠美味，深受大眾喜愛的風味的調酒。濃縮咖啡很搭帶有強烈肉桂香氣的 Abbotts Bitters 苦精，再加上鮮奶油的濃郁、香蕉的清爽甜味，以及適合搭配柑橘系的咖啡微微苦香彼此調和。咖啡本來應該想使用濃縮咖啡，不過濃縮咖啡需要專用的機器，在酒吧是較難以取得的材料。不過，用熱水沖咖啡並且放置冷卻，卻會出現複雜的味道。因此使用了近年來咖啡店蔚為話題的冷萃（cold brew）法，就能萃取出醇厚感。不需要專用的器具，在酒吧也能輕鬆取得的材料。

濃縮咖啡（※）…30ml
葡萄柚汁…30ml
鮮奶油…20ml
「Bob`s Abbotts Bitters」苦精…3dash
香蕉（厄瓜多產的熟香蕉）…1/2 根

*1* 將所有材料及少量的碎冰放入攪拌機內攪拌。

*2* 用濾茶網過濾至玻璃杯中。（能濾掉碎冰程度的濾茶網）

### ※ 濃縮咖啡

咖啡豆…50g
水…300g

*1* 將研磨至粗顆粒大小的咖啡豆放入容器，輕輕倒入水。

*2* 不須攪拌，放置於常溫萃取 7 小時。

*3* 用金屬濾網，連同油脂一起過濾。

☆ 咖啡豆的種類可依個人喜好選擇（經常用來製作無酒精調酒的話，建議選擇中～深焙，會有油脂釋出的焙度）。

用苦味明確，近年來受到
矚目的苦精來呈現骨幹。
酒精濃度為 40%。

以居酒屋經常出現的酒精飲料「梅子沙瓦」為靈感創作而來。梅子的風味與蘇打水是很適合搭配的材料。不過，梅子沙瓦到了果肉比率高的最後幾口，才是最美味的時候，但同時碳酸也所剩無幾。因此想讓梅子的美味從第一口就能充分展現，而研發出來的一款調酒。辣椒苦精的辣椒帶有與梅子相似的香氣，因此當作苦精加以搭配，呈現出豐富的風味。甜香艾酒使用的是「Antica Formula」。即使少量也帶有醇厚度及甜味，是製作低酒精調酒時容易運用的材料。加入椰子水，帶出淳和感。

南高梅…1 個
喜好的甜香艾酒（照片為「Antica Formula」）
…10ml
柳橙汁…10ml
椰子水…30ml
辣椒甘露（※）…3drop
尤加利甘露（※）…1dash
蘇打水…適量（照片為 90ml）

葉脈

1　雪克杯中加入南高梅，稍微用水洗去表面的鹽分，再將水分擦乾。

2　加入蘇打水以外的材料，用研磨槌磨碎後搖盪混合。

3　用網格較細的濾茶網過濾，倒入喜愛的玻璃杯中。

4　倒滿相同比例的蘇打水。裝飾葉脈。

## ※ 辣椒甘露

辣椒…適量
「Spirytus」伏特加…45ml
水…45ml

1　辣椒加入 Spirytus 中浸漬，放置常溫 3 天。

2　過濾辣椒，加水。除了乾燥的辣椒之外，蘇格蘭圓帽辣椒這種帶有果香的品種也能添加香氣特色。

☆　加水會混濁，因此也可直接使用，不過因為酒精濃度較高，使用時要注意份量。

## ※ 尤加利甘露

尤加利…10g
「Spirytus」伏特加…45ml
水…45ml

1　尤加利放入 Spirytus 中浸漬，放置常溫 3 天。

2　過濾尤加利，加水。

☆　加水會混濁，因此也可直接使用，不過因為酒精濃度較高，使用時要注意份量。

# Sea Green

海水綠

ABV
4.2 %

「夏翠絲（Chartreuse）」是酒吧必備的法國藥草系利口酒，黃色的「Jaune」帶有蜂蜜的風味。然而許多人對於這款酒有「老行家愛好」的印象，不習慣的客人通常不太會點來喝。將這款酒用來當作低酒精調酒的材料，讓更多人能品嘗到其中美味。創作這款調酒時，想要使用水果製作成清爽的風味，因此將奇異果當成主角。但並非直接使用，而是加工成奇異果水。奇異果特有的風味與濱海的香氣及蜂蜜香氣很搭配，所以與昆布焦糖組合。一小撮岩鹽的鹹味，收斂整個風味。

「Chartreuse Jaune」夏翠絲…5 ～ 10ml
奇異果水（※）…60ml
昆布焦糖（※）…2 ～ 3tsp
岩鹽…1 小撮

百里香

*1* 將百里香以外的材料放入玻璃杯，使岩鹽充分溶解，並加入冰塊輕輕攪拌。

*2* 百里香稍微用火炙燒後裝飾。

### ※ 奇異果水

綠奇異果…1 個（去皮）
礦泉水…與奇異果相同重量
維他命 C（抗壞血酸）
　　…奇異果及礦泉水重量的 1%
果膠酶
　　…奇異果及礦泉水重量的 0.5%

*1* 綠奇異果去皮秤重。

*2* 相對於相同重量的礦泉水及奇異果，加入 1% 的維他命 C 及 0.5% 的果膠，放入攪拌機內攪拌。

*3* 放入冷藏靜置 1 小時，再用廚房紙巾過濾。

### ※ 昆布焦糖

昆布…大拇指的大小
礦泉水…適量
砂糖…500g
蘋果醋…25ml

*1* 鍋中加入水，放入昆布，開火煮出 525ml 的昆布高湯。出現介於第一道及第二道高湯之間的香氣時，將昆布取出冷卻。

*2* 於另一個鍋中放入砂糖 500g、*1* 的昆布高湯 25ml 及蘋果醋，開中火熬煮到金黃色後，倒在烘焙紙上，使其冷卻凝固。

*3* 加入 *2* 剩下的昆布高湯 500ml，開小火將凝固的焦糖溶解煮成糖漿。

# Garden Martini

馬丁尼花園

ABV 7.2 %

酒精濃度較高的酒類，在溫度較低的狀態會呈現滑潤的口感。想著低酒精調酒是否能呈現出這種質地，因此刻意用高酒精濃度的馬丁尼來嘗試。用米替代酒精質地的是蔬菜的秋葵。將秋葵的黏液成分 --- 黏液素及果膠溶於香艾酒中，重現冰鎮後的酒精飲品口感。這裡的琴酒使用的是無酒精類型，因此含有酒精成分的材料只有香艾酒。帶有秘魯聖木香氣的糖漿及香料的香氣非常強烈，所以取名為「花園」。

無酒精琴酒…30ml

秋葵香艾酒（※）…30ml

簡易糖漿 or
秘魯聖木糖漿（※）…1tsp

滿天星

*1* 將所有材料倒入混合玻璃杯中，用酒吧湯匙輕輕混合，再放入一顆大冰塊輕輕攪拌。

*2* 倒入調酒杯中。放入滿天星裝飾。

### ※ 秋葵香艾酒

秋葵…25g
Dry vermouth「Cinzano1757」…100ml

*1* 秋葵切碎與香艾酒一起放入容器內，蓋上蓋子輕輕搖晃。

*2* 放置於冷藏浸漬 24 小時。或是將容器放入能維持 50℃ 的熱水中加熱 30 分鐘。

*3* 從冷藏取出（如果是用加熱法的話，時間到了即可放入冷水中急速冷卻），在用網格細一點的濾茶網過濾，冷藏保存。

### ※ 秘魯聖木糖漿

秘魯聖木…15g
礦泉水…250ml
砂糖…適量

*1* 秘魯聖木放入鍋中乾煎。

*2* 出現香氣且表面開始呈現茶褐色後，倒入 250ml 的水，用小火熬煮。

*3* 熬煮 15 分鐘後，將秘魯聖木過濾，加入與剩餘的液體量相同份量的砂糖，溶解後即可完成。

# 煎茶與薄荷（左）

# 黑加侖與阿貝（右）

也許稍微脫離「低酒精調酒」的範疇，不過這兩款是『LOW-NON-BAR』想為追求低酒精的客人推薦的調酒。會選擇點低酒精調酒的顧客，並非滴酒不沾，大多都是比較不勝酒力的人。根據過去的經驗，這些人更在意的是總共喝了多少的酒。因此，就算酒精濃度稍微高一點，只要量少就能抑制整體的飲用量。如此一來也能擁有「喝了酒」的滿足感。第 1 杯是由薄荷利口酒及煎茶搭配的調酒。另一杯是用帶有泥炭香氣的「阿貝（Ardbeg）」威士忌去兌黑加侖的調酒。兩者的個性都很強烈，即使量少也能帶來滿足感。

## 煎茶與薄荷

煎茶風味（infusion）薄荷利口酒（※）
…少量（照片為 10ml）

蘇打水…適量（照片為 30ml）

*1* 玻璃杯中加入薄荷利口酒。

*2* 加入蘇打水倒滿。建議比例為 1：2 ～ 1：3。

## 黑加侖與阿貝

「阿貝（Ardbeg）」…少量（照片為 10ml）

黑加侖汁…適量（照片為 30ml）

*1* 玻璃杯中加入阿貝。

*2* 加入黑加侖汁倒滿。建議比例為 1：2 ～ 1：3。

### ※ 煎茶風味（infusion）薄荷利口酒

深煎茶…6g
薄荷利口酒「Tempus Fugit Crème de Menthe」…100ml

*1* 將材料混合，浸漬 24 ～ 48 小時。

*2* 用網格較細的濾茶網過濾，冷凍保存。

# KIRIP TRUMAN

## 桐山　透

**經營者兼調酒師**

2012 年透過梅田的酒吧進入調酒師的世界。歷經 6 年的修業後，於 2017 年開始經營酒吧『KIRIP TRUMAN』。著重香氣成分的獨特調酒受到矚目。2021 年開張外帶用的無酒精調酒專門店『TMBM』。

著重材料的「香氣成分」。
透過不同成分的複雜組合，
重新構築調酒的配方

本店座落於能俯瞰中之島公園的位置。我非常喜歡這個公園，想著如果創業的話就要在這附近找店面，終於在 2017 年開張。希望能打造成隱身於街中的大人社交空間，當初是以葡萄酒、威士忌為主，而最近也開始提供調酒，希望顧客們能夠享受酒類世界的樂趣。

獨特的店名其實是想要塑造成一個品牌名稱，所以是用我的名字作為發想而決定。

在我的店內有許多原創的調酒，每款調酒大多是用自己獨創的想法來創作配方。基底為材料的香氣成分。過去我就對香氣成分抱持著興趣，不光只是酒類，也會挑選水果、花草類、香料類等當作調酒的材料，研究其中的香氣成分。這些資料之後也想要進一步正確且詳細的調查，所以打算重新念大學繼續研究。

將心力放在香氣成分的調查，主要是因為擁有香氣成分的材料，非常適合互相組合搭配。另外，將一些香氣成分的材料搭配，甚至還能呈現出完全不同的香氣成分。因此我是由這種科學觀點來思考調酒的創作。

低酒精調酒也是一樣，舉例來說首先想好酒類飲品的意象，為了降低酒精濃度並加以表現，會將含有類似香氣成分的材料加以組合調製而成。也就是說，並不是以某款調酒或是蒸餾酒為基底進行低酒精化。我認為這一點是非常獨特的方法。

然而，將重點放在材料的香氣成分創作配方，就不會受到材料本身印象的局限，更能發揮想像。看到接下來介紹的調酒配方，有些人也許會無法想像到底會是怎樣的風味。像這樣材料與味道的反差感，也是享受調酒樂趣的魅力所在。

## KIRIP TRUMAN

- ■地址　大阪府大阪市中央区北濱 1-1-29　　　ケイアンドエフ北濱ビル 3 階
- ■電話　06-4707-7879
- ■URL　http://www.instagram.com/　　　kiriptruman
- ■營業時間 17：00〜隔天 1：00　　　　（週六 15：00〜）
- ■公休日　週日

ABV 3.7 %

# Low Sauvignon Blanc

低度數白蘇維濃

由白蘇維濃品種釀成的白葡萄酒，擁有許多特色的香氣成分，以這款葡萄酒的香氣成分為基底重新構築配方，幾乎沒有加入葡萄，卻創作出有如葡萄酒風味的低酒精調酒。像是帶有葡萄柚及百香果般的香氣，煎茶及黑加侖的芽也含有的 4- 巰基 -4- 甲基 -2- 戊酮（4-Mercapto-4-methyl-2-pentanone，4MMP），以及大黃根 (Rhubarb) 含有的 3- 巰基 -1- 己醇（3-Mercapto-1-hexanol, 3MH）等，以邏輯性構築出配方。唯一的酒精要素選擇了含有與白蘇維濃同樣香氣的「金雀花」，以及各種植物調成分的「Botanist」植物學家琴酒。

「Botanist Jin」植物學家琴酒…10ml
新鮮葡萄柚汁…40ml
煎茶（泡濃一點的煎茶）…30ml
百香果水（※）…25ml
黑加侖芳香蒸餾水（※）…5ml
大黃根芳香蒸餾水（※）…5ml
啤酒花（粉末）…1 小撮
有機白酒醋…1ml

將所有材料搖盪，用濾網過濾至葡萄酒杯中。

## ※ 百香果水

百香果乾 40g 與水 200ml 混合，開小火加熱約20 分鐘。

## ※ 黑加侖芳香蒸餾水

將黑加侖粉末溶於水並蒸餾而來。

## ※ 大黃根芳香蒸餾水

將大黃根果醬溶於水蒸餾而來。

櫻花菓子的香氣成分含有香豆素（Coumarin），這是鹽漬櫻花瓣時會出現的香氣成分。若將玫瑰與綠葉調的香氣混合，就會出現淡淡的櫻花香氣。這款調酒的玫瑰要素，選擇了奢侈採用高品質玫瑰製成的「無酒精琴酒 Nema 0.00%」，而綠葉調香氣是將山葵浸漬於伏特加中，加上其他材料製成苦精。再加上含有與櫻花同樣香氣成分的無花果，以及與無花果含有共同成分的雪莉桶威士忌，是一款由各角度構成櫻花香氣的調酒。隨著時間呈現出不同櫻花的風味，享受味道的變化。

「Glaendronach 格蘭多納」12 年威士忌…15ml
無花果水…20ml
新鮮檸檬汁…20ml
櫻花糖漿（※）…15ml
「無酒精琴酒 Nema 0.00% Standard」
…2 ～ 3dash
自家製山葵葉苦精…2 ～ 3dash
蛋白…1 顆（30g）

Abbotts Bitters 苦精…2dash
野葵葉

*1* 所有材料放入手持攪拌機內攪拌後，用波士頓雪克杯搖盪。過濾倒入玻璃杯中。

*2* 滴兩滴 Abbotts Bitters 苦精於表面，用調酒攪拌棒畫出圖案，再於上方放上櫻花瓣，裝飾乾燥野葵葉。

由兩種雪莉桶熟成的威士忌，帶有均衡的水果風味及苦味。酒精濃度為 43%。

※ **櫻花糖漿**

將鹽漬櫻花葉用適量的水浸泡數次，洗去鹽分後，與水及砂糖熬煮而成。

# Low Shiruko

低度數紅豆湯

ABV
5.2 %

在用來熟成威士忌的橡木桶當中，將內側用火直接燒烤至炭化的步驟叫做「Char」。透過施作炙燒（char）的橡木桶，使威士忌會產生特有的風味。在這過程中會產生麥芽酚（Maltol）、甲基環戊烯醇酮（Cyclotene）、香草醛（Vanillin）等香氣成分。同時具有麥芽酚及甲基環戊烯醇酮成分的材料為紅豆，配方中其他材料也分別含有以上的成分，因此雖然乍看之下是個亂七八糟的組合，但是味道卻能自成一格。洋蔥內含有硫醇，是一種帶有硫磺的香氣成分，藉由添加極少量增加味道的獨特性及豐富度。就像是在喝紅豆湯一樣，最用後棉花糖代替白湯圓裝飾。

瑪黛茶…40ml
紅豆餡…20g
「Bulleit Bourbon」巴特波本威士忌…10ml
楓糖漿…5ml
洋蔥酵素糖漿（※）…1ml
醬油粉…少許

棉花糖
櫻花與肉桂的燻煙

**※ 洋蔥酵素糖漿**
將切成細絲狀的洋蔥及甜菜糖放入優格機（發酵機）製作。

*1* 將棉花糖以外的材料放入雪克杯搖盪後，再用咖啡濾紙過濾，倒入碗型玻璃杯中。

*2* 放上棉花糖，用煙燻機器將櫻花及肉桂的燻煙封入玻璃碗中。

味道清爽且滑順的波本威士忌。酒精濃度為45%。

紅豆餡帶有與威士忌橡木桶碳化時同樣的香氣成分，因此採用了此材料。

# Sweet Backup

甜美後盾

ABV 6.3 %

日本酒具有非常多的香氣成分，其中「己酸乙酯（類似蘋果或洋梨的香氣）」及「乙酸異戊酯（類似香蕉或哈密瓜的香氣）」，被稱為兩大吟釀香氣。在這裡不使用這兩種香氣，而是刻意選擇含有支援（做後盾）作用的香氣成分的原料，來架構配方。分別使用了含有乙酸乙酯的草莓，以及含有苯乙醇的香草及玫瑰（「無酒精琴酒 Nema 0.00%」），創作出有如甜點風味的低酒精調酒。

「獺祭 純米大吟釀 45」…50ml
「無酒精琴酒 Nema 0.00% Standard」…8ml
香草冰淇淋…40g
自製呋喃酮糖漿（※）…20ml

乾燥玫瑰花瓣

1 所有材料混合。若冰淇淋沒有融化可用攪拌機混勻。

2 搖盪後，過濾至玻璃杯，再裝飾乾燥玫瑰花瓣。

基底使用精米步合為45%的「獺祭」。具有纖細的甜味及華麗的香氣。酒精濃度為16%。

**※ 自製呋喃酮糖漿**

將草莓、乾燥番茄切小塊，加入適量的水、砂糖、蕎麥茶、少量的熟芝麻一起熬煮。

# BAR BARNS

## 平井 杜居

### 經營者兼調酒師

於名古屋市內的老字號酒吧修業
11 年後，於 2002 年 3 月開始
經營『BAR BARNS』。提供由
豐富老酒及季節水果調製而成的
各式調酒、華麗的裝飾，以及豐
富的餐點種類，周到的服務也受
到好評。

以強而有力的材料所具備的風味
當做基底，創作出低酒精調酒。
也會充分活用噴霧技法

從威士忌的老酒到水果調酒，店內於 2022 年開始提供各類酒精飲料。在這 20 年間，由顧客的評論及社交網路得知，與當初開幕時相較之下，客人對於水果調酒的需求增加了不少。在顧客當中也有比較不勝酒力的人，因此也會提供酒精濃度較低或是無酒精的調酒。

在我的店裡，水果調酒「普通」的酒精濃度大多為 10 ～ 12%。與兌水或是琴酒通寧水的酒精濃度是同一個程度。「稍淡」的調酒濃度約為 5 ～ 9%，「更淡一點」也可以調整至 1 ～ 4% 左右。

在減少酒精濃度時，會使用香草類或是加上蜂蜜等甜味來呈現出骨幹。此外，為了能藉由醇厚度提升滿足感，除了糖分之外，還會挑選適合所使用的材料特性，另外再加入不同香氣的材料。

酒精也具有幫助原料發揮香氣的作用，當酒精濃度減少，香氣也會隨之減弱。因此也會加入適合搭配，而且不會蓋過彼此優點的原料當作副材料。

尤其在製作水果調酒的時候，我的想法是將水果原料當作基底而非酒精。並且思考要用哪種酒類才能發揮出原料的風味，原料本身的強度越強烈，酒精的使用量也就比較不受限。就算沒有酒精，只要能發揮出原料原有的味道，還能夠調製出無酒精調酒。反過來說，為了能夠如此自由對應，只要是特色鮮明的原料就會不惜成本使用。

此外，噴霧（atomizing）也是經常運用的技法。因為只要用噴霧瓶噴灑即可，所以酒精的使用量非常少。然而，卻能藉由噴灑的技巧來呈現酒精感。不只是最後一道步驟，像是在玻璃杯的底部連同柑桔皮的油脂一起噴灑，在飲用的同時能漸漸感到酒精發揮作用，創作出高滿足度的調酒。

**BAR BARNS**
■地址　愛知県名古屋市中区栄 2-3-32
　　　　アマノビル地下 1 階
■電話　052-203-1114
■ URL　https://bar-barns.jp/
■營業時間 17：00 ～ 23：30（週六 15：
　　　　00 ～ 23：00、週日、國定假
　　　　日為 15：00 ～ 22：30）
■公休日　每週一、第二個週二

# 季之美與檜枡的琴通寧

ABV
3.6 %

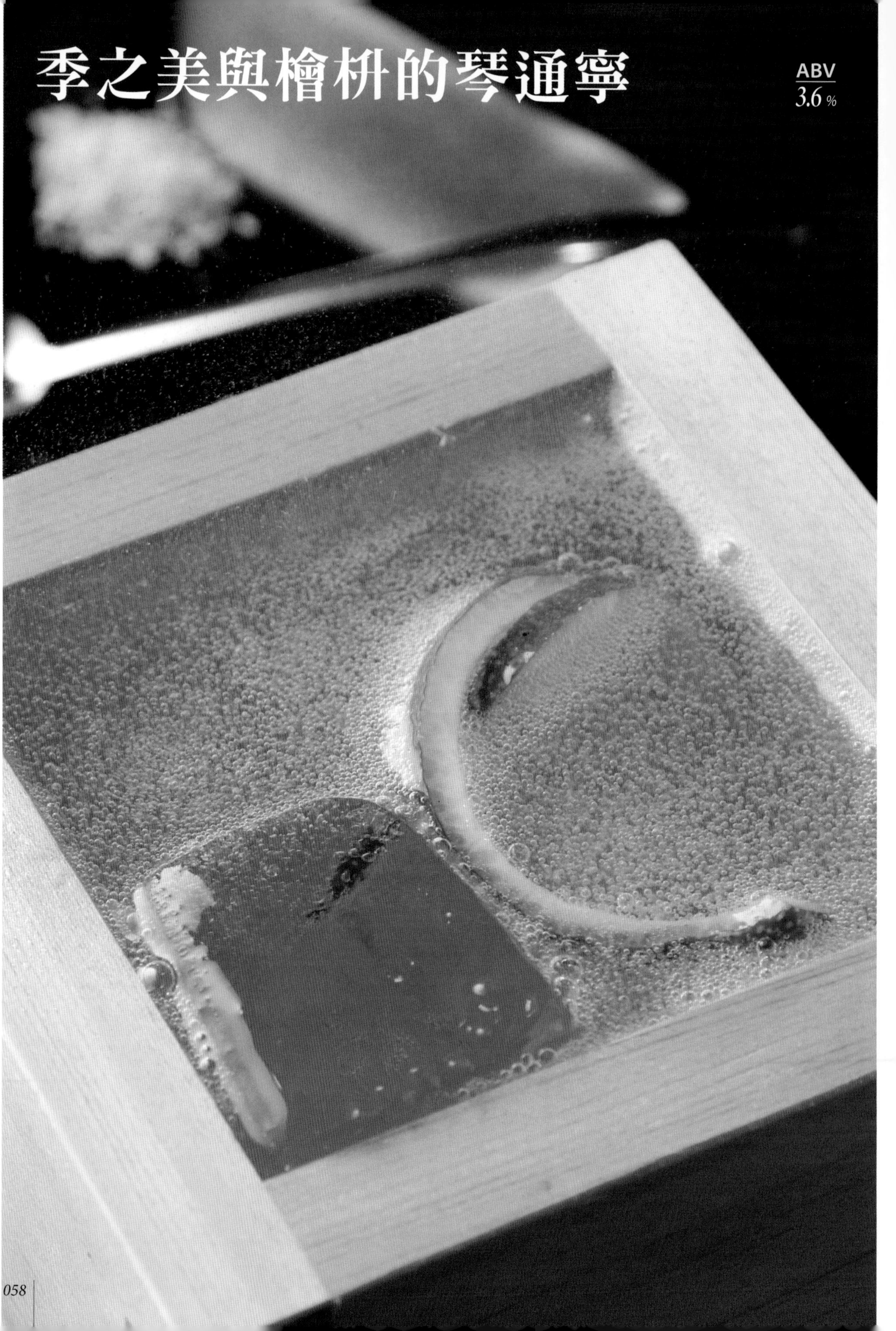

是一款將原本酒精濃度就不高的琴通寧，再加以低酒精化的調酒。使用岐阜縣大垣產的檜枡酒器，像是品嚐枡酒般的獨特風格。當通寧水的泡泡在表面彈開，就會散發出檜木的香氣。透過這個香氣，香氣的特色比起酒精感更能令人留下第一印象。琴酒使用了適合與檜木香氣搭配的「季之美」。通寧水會隨著使用的柑橘種類不同而提升風味。如果是無上蠟的水果，將皮削下來利用還能增添香氣及苦味。在品嚐的過程中，像是喝日本酒一樣將鹽巴放在枡上飲用，能充分發揮琴酒的香氣，享受到更多的樂趣。鹽巴中加了柚子皮，藉由同樣是柑橘類的香氣提升搭配度。

「季之美」琴酒…10ml
「季之美」琴酒噴霧…2 ～ 3ml
「Fever Tree」…120ml
新鮮萊姆汁…5 ～ 10ml

萊姆皮
柚子鹽

1 於檜枡倒入「季之美」。或是將「季之美」噴灑於枡的底部，再撒上柑橘皮。

2 於 1 放入冰塊倒入果汁，輕輕攪拌，放入裝飾用的果皮。

3 倒滿通寧水。

4 於另外一個盤子裝入柚子鹽。

琴酒使用適合與枡酒器散發的檜木香搭配的「季之美」。酒精濃度為45%。

通寧水會搭配所使用的柑橘類而改變。柚子、酸橘、萊姆會搭配「Mediterranean Tonic Water」（左）。
而檸檬、臭橙則是會使用「Elderflower Tonic Water」（右）。

# 新鮮番茄調酒

ABV
7.3 %

一款僅限於 2 月～ 5 月期間提供的調酒，使用了靜岡‧掛川石山農園的番茄。這款調酒的番茄風味非常強烈，因此酒精的使用量能夠自由的運用。在這裡使用了 20ml 的伏特加，不過也能隨著顧客的要求，只要數滴也能調製出滿足感。為了充分運用番茄的風味，因此用慢磨機來榨果汁。幾乎打入空氣且氧化較少，顏色及味道也比較不容易劣化。另外也加入少許糖漿或是和三盆糖，增添醇厚感。點綴雪花時，若使用檸檬就會呈現出檸檬風味，因此這款調酒使用了番茄汁來製作。

靜岡‧掛川「石山農園」的新鮮番茄汁…100g
「Stolichnaya」蘇托力伏特加…20ml

蒙古鹽（細碎狀）
檸檬皮
萊姆皮

1 用番茄沾濕玻璃杯緣，再將削成
細碎狀的蒙古鹽塗抹杯緣，裝飾
成雪花杯型。

2 番茄用慢磨機榨汁，加入伏特
加，放入冰塊輕輕攪拌冷卻。

3 將 2 倒入 1 的玻璃杯，裝飾檸檬
皮及萊姆皮。

希望能簡單品嚐材料原
有風味時，會使用「蘇
托力 Stolichnaya」伏特
加。酒精濃度為 40%。

# 優格與乳清的
# 一口卡布里風

ABV
1.3 %

在提供的方式下點工夫，就算酒精濃度低也能創作能充分享受其中樂趣的調酒。將番茄、莫札瑞拉起司，以及羅勒製作而成的義大利料理重新加以變化，創作出吃的以及喝的調酒共兩種。由於想要降低酒精濃度，因此將優格過濾出乳清並加以搭配，並且用和三盆糖的糖分與乳清的酸味取得平衡。伏特加的量通常為乳清的 1/3，不過在這裡將量減半以降低酒精濃度。乳清的香氣、羅勒的香氣及香草鹽的香氣，不會讓人感到酒精濃度的薄弱。番茄使用的是名古屋飯田農園栽培，甜味強烈的小番茄「miu 番茄」。

●吃的調酒
　　羅勒葉…2 ～ 3 片
　　乳清（※）…60ml
　　「Grey Goose」伏特加…10ml
　　和三盆糖…1 小匙
　　製作乳清時剩下的優格…2 小匙
　　香草鹽「海之精」…適量
　　「miu 番茄」（切片）…2 片

●玻璃杯調酒
　　「miu 番茄」…3 ～ 4 個
　　作法 2 過濾的伏特加＋羅勒＋乳清…12ml
　　香草鹽

*1* 從吃的調酒開始製作。首先將羅勒切碎。

*2* 將 **1**、乳清、「Grey Goose」、和三盆糖糖放入攪拌機中攪拌，再用網格較粗的濾茶網過濾。保留過濾的殘渣。

*3* 將製作乳清剩下的優格放在小湯匙，撒上香草鹽，放上番茄切片後，再放上一些 **2** 過濾後的羅勒，將湯匙連同盤子一起提供。

*4* 製作玻璃杯調酒。於較小的玻璃杯緣，塗上香草鹽裝飾成雪花杯型。

*5* 小番茄放入慢磨機打碎。

*6* 將 **2** 過濾後的液體倒入 **4** 的玻璃杯中，再於上層倒入 **5**。

※ 乳清

將優格放入濾茶網靜置一晚，下方過濾的液體即為乳清。殘留仕濾茶網的優格也預備使用。

想活用水果香氣時，會使用「Grey Goose」的伏特加。酒精濃度為40%。

# 金桔與蜂蜜的調酒

原本這款調酒是運用金桔的魅力，酒精濃度也非常強烈的配方，不過金桔本身的風味就很強烈，因此嘗試製作出低酒精的類型。原本的配方使用了 35ml 的 Gordon's 高登琴酒，在這裡減半至 10～15ml，並將檸檬汁從 25ml 減少至 20ml，簡易糖漿由 7.5ml 調整至 10ml。並且加入礦泉水及蜂蜜。金桔採用宮崎產的「Tama Tama Excellent」稀有品種，顆粒大且糖度高。顆粒大不僅容易處理，而且本身甜味足夠，就能夠減少糖漿的量。製作重點在於可稍微保留一些金桔的種子，不需要全部挑除，利用種子的辛辣感增添調酒風味。啜飲一口，感受有如果汁飲料「Nectar」般的滑潤口感。就像是在品嚐金桔的甘露煮一樣，果皮風味非常美味，完全不會感到酒精濃度的低弱。

金桔「Tama Tama Excellent」…100g
「Gordon's Jin」高登琴酒…10～15ml
糖漿…10ml
檸檬汁…20ml
礦泉水…20ml
蜂蜜…1tsp

檸檬皮
柳橙皮

1 金桔去果蒂切半，保留部分籽，其餘挑除

2 除了檸檬皮及柳橙皮之外，將 1 及其他材料放入攪拌機內攪拌。

3 用濾網過濾，放入冰塊冷卻後倒入玻璃杯中。用檸檬皮及柳橙皮裝飾。

為了搭配金桔皮的香氣以及苦味，主體酒精所使用的是「Gordon's Jin 47.3%」。

草莓慕斯風

ABV
1.3 %

由「甘王」品種的草莓及馬斯卡彭起司，組合成有如甜點風味的這款調酒，如果酒精濃度太高就會出現苦味，因此一開始就創作成低酒精的配方。有如慕斯般滑順的口感以及優雅的甜味，不會感到酒精濃度的薄弱，能充分得到滿足感。這款調酒重視濃稠度，所以極力排除水分。連冰塊都不使用，因此不只是所有的材料，連攪拌機等道具也會事先冰鎮使用。酒精部分使用了白蘭姆酒。比例太高會蓋過草莓的魅力，所以用伏特加代替一半的量。若全都用伏特加，則會呈現出清爽的風味。

「甘王」草莓…80g
馬斯卡彭起司…30g
覆盆莓汁…20ml
和三盆糖…1.5 ～ 2 大匙
「Grey Goose」伏特加…1 ～ 2ml
「Bacardi White」白蘭姆酒…1 ～ 2ml

「甘王」草莓

*1* 將所有材料及道具事先冷卻。

*2* 所有材料放入事先冰鎮的攪拌機內攪拌。攪拌的同時確認材料是否完全混合。

*3* 用濾茶網過濾，倒入事先冰鎮的玻璃杯中。裝飾草莓，附上小盤及叉子。

所選擇使用的白蘭姆酒為「Bacardi White」。為了增添醇厚度而添加。酒精濃度為 40%。

# Augusta Tarlogie

## 品野 清光

### 經營者兼調酒師

任職於大阪東急飯店後，於1987年開始經營『Bar Augusta』。2000年在緊鄰一道牆的隔壁重新開張『Augusta Tarlogie』。在日本全國享譽盛名，為關西具有代表性的酒吧，許多人為此千里迢迢前來，酒吧內總是高朋滿座。

在低酒精調酒當中，
選擇水果調酒的顧客居多，
因此活用水果風味以提高滿足感

在我的店內除了威士忌以外，水果調酒也非常受歡迎，因此店內也有許多女性顧客來訪。本店的招牌調酒「Augusta Seven」尤其受到矚目，店內也會有不習慣酒吧的客人或是不勝酒力的人，其實平常就經常有客人要求「酒精濃度要低一點」。

如果習慣飲酒的顧客通常會「先來一杯琴通寧」，然而像是女性或還不習慣酒吧的客人，第一杯大多是「交給調酒師決定」，這時候我經常都是提供水果調酒。客人也不知道調酒的酒精濃度是多少，因此會特別注意酒精的攝取。然而不只是我的店內，提出「酒精濃度低一點」要求的客人，大多都是喜愛水果調酒的人。

水果調酒為了能活用水果本身的風味，烈酒部分通常都是搭配伏特加調製。伏特加非常適合搭配草莓，因此經常組合調配。低酒精化時會減少伏特加的量，取而代之的是加入樹莓利口酒，或是檸檬糖漿來調整甜味及酸味平衡，補足酒精濃度的薄弱。也就是說，將不會干擾水果風味的利口酒取代烈酒，再用其他副材料補足薄弱的部分，就是我獨特的創作技法。

只要甜味及酸味能達到平衡，鮮甜味就自然而然呈現，藉此提高啜飲時的滿足感。酒精成分較多的調酒，因為具有酒精本身的甜味，所以因為低酒精化而無法使用烈酒時，就會用酒精濃度 20% 以下的酒代替，再搭配副材料提高滿足感，或是也有乾脆將短飲型變化成長飲型這種方法。

注滿時比起蘇打水，更適合搭配帶有風味的通寧水。近年來，市面上也推出許多風味獨特、可一次用完的小瓶身且外型特別的通寧水，比例多少會高一點，但是製作低酒精調酒時卻非常方便。

**Augusta Tarlogie**
■地址　大阪府大阪市北区鶴野町 2-3
　　　　アラカワビル 1 階
■電話　06-6376-3455
■營業時間 17：00 ～ 23：30
■公休日　全年無休

# Minty Pine

薄荷鳳梨

ABV
5.1 %

原本想創作一款從 5 月開始提供，以薄荷朱利普為基底的調酒，但是由於這款調酒的酒精濃度較高，思考是否有其他能取代的配方，因此而調製了這款「薄荷鳳梨」。薄荷味強烈的調酒如果酒精濃度太低，會因為過於薄弱而無法呈現美味。因此在這裡加入鳳梨的甜味，補足缺乏的部分。薄荷利口酒雖然也有綠色的類型，但是透明瓶的利口酒其薄荷感較強烈，少量就帶有薄荷感。不過透明的調酒在外觀上無法呈現出薄荷的清爽印象，所以最後將綠色的薄荷利口酒沈澱於底部，增添色彩。

「GET 31」…30ml

新鮮鳳梨汁…120ml

「BOLS」…1tsp

薄荷葉

*1* 玻璃杯中倒入「GET 31」及新鮮鳳梨汁，輕輕攪拌。

*2* 將「BLOTS」沈澱於杯底，裝飾薄荷葉。

主要使用的薄荷利口酒，使用少量也能展現出薄荷感的「GET 31」。酒精濃度為 24%。

為了讓外觀呈現清涼感，因此將綠色的薄荷利口酒沈澱於杯底。酒精濃度為 24%。

# Sanlúcar Terrace

桑盧卡露台

ABV
3.9 %

Manzanilla 是一款就算在西班牙南部的赫雷斯地區，也只有桑盧卡 - 德巴拉梅達（Sanlúcar de Barrameda）製作而成的雪莉酒。在造訪「La Guitana」的工場時，發現行道樹都是柳橙樹。因此使用「La Guitana」雪莉酒，以雪莉酒的代表性調酒「Rebjito」，與柳橙搭配即興創作出這款調酒。那裡的柳橙樹也許是因為當作行道樹用的關係，似乎沒有人去生吃柳橙，雖然當地人非常訝異，品嚐之後卻覺得極為美味，酒精濃度也不高。柳橙的香氣與乾口的 Manzanilla 非常搭配，呈現清爽的口感，是很適合夏天的一款調酒。

雪莉酒「La Guitana」Manzanilla…45ml
通寧水…120ml
柳橙…1/6 個

柳橙皮
柳橙

*1* 雪莉酒倒入玻璃杯中。

*2* 將切成 1/6 的柳橙榨汁，再用通寧水注滿，輕輕攪拌。

*3* 放入柳橙皮，裝飾柳橙。

類似蘋果的清爽香氣，與柳橙非常搭配的 Manzanilla「La Guitana」。酒精濃度為 15%。

# Golden Rings

金色輪環

這是一款在 1994 年利樂漢瑪冬季奧運時，將金桔當作五輪意象的原創調酒。基底是以檸檬蘇打為配方，再加上金桔創作而成。現在也會在金桔的產季 12 月～ 3 月提供，通常是用伏特加調製。如果為了低酒精化而不用伏特加的話，酒精給人的印象就會減弱，因此取而代之的是少量的君度酒，以及與金桔同系統的柑橘類 --- 柳橙皮的風味加強印象。如果要製作無酒精類型，也可以用蘇打水代替通寧水。金桔適用鹿兒島入來產的品種，甜味及香氣都非常足夠。

金柑…3 個
君度（Cointreau）…15ml
新鮮檸檬汁…30ml
簡易糖漿…15ml
蘇打水…30ml

1 金桔切半，剔除種子。

2 與 1 的君度、檸檬汁及糖漿加入 Tin 杯，放入冰塊搖盪。

3 搖盪後連同冰塊一起倒入玻璃杯中，用蘇打水注滿，輕輕攪拌。

為強調金桔的風味，使用帶有同樣是柑橘系的柳橙香氣及甜味的君度酒。酒精成分為 40%。

# Elder Elder

接骨木

西洋接骨木是歐洲等地區自古以來就熟為人知的香草類植物。特徵為俐落清爽的甜味。西洋接骨木本身也是香草茶或利口酒的原料，也有運用這種材料製作的調酒。近年來，甚至推出了西洋接骨木口味的通寧水。因此將西洋接骨木的利口酒，與西洋接骨木風味的通寧水加以組合。材料只有這兩種，雖然配方極為簡單，不過減少西洋接骨木利口酒使用量的同時，也能充分品嘗到西洋接骨木的香氣及甜味。擁有優雅的味道與甜味，即使低酒精也能喝出滿足感的一款調酒。

西洋接骨木利口酒…30ml
西洋接骨木通寧水（FEVER TREE）…120ml

1 西洋接骨木利口酒倒入玻璃杯中。

2 注滿西洋接骨木通寧水，攪拌。

法國品牌「Giffard」的西洋接骨木利口酒，魅力在於豐富的香氣。酒精濃度為20%。

通寧水也使用帶有西洋接骨木香氣的類型，可藉此減少利口酒的使用量，降低酒精濃度。

# Augusta Seven

奥格斯塔 7

是一款用百香果利口酒「Passoa」製作的調酒，因為是我的第 7 款原創調酒而命名。為
『Augusta Tarlogie』的招牌調酒，瓶裝的「Passoa」也有介紹配方。所使用的酒類只有
「Passoa」，而且酒精濃度僅有 20%，是原本酒精濃度就比較低的調酒。百香果本身就
帶有酸甜的風味。再加上鳳梨果汁調整甜味平衡，調製出女性喜愛的熱帶水果風味。另
外，夏及冬季會加入新鮮的百香果調製。

「Passoa」…45ml
新鮮檸檬汁…15ml
鳳梨汁…90ml
百香果…1/2 個

1 所有材料放入兩節式雪克杯中搖
盪。

2 搖盪後連同冰塊一起倒入熱帶玻
璃杯。

「Passoa」百香果利口
酒。酒精濃度為 20%。

冬天及夏天使用百香果的果
實，增添新鮮風味。

# The Bar **Sazerac**

## 山下 泰裕

經營者兼調酒師

在京都餐酒館的工作經驗，是成為調酒師的契機。在大宮的酒吧工作 4 年之後，進入「Cocktail Works」公司任職 2 年，於 2018 開始經營『The Bar Sazerac』。除了豐富的威士忌之外，也提供多達 120 種的手工琴酒，善用埼玉產材料的原創調酒也很受歡迎。

就算少量，只要使用具有「存在感」的酒類，即使低酒精也能調製出滿足度高的調酒

在創業之前工作的酒吧，是一間販售各式琴酒的店，因此我的店也提供大約 120 種琴酒，並且交替使用。最近比較著重於各種新推出的日本國產琴酒。

大宮的街道是埼玉縣當中最熱鬧的地方，也有許多酒吧。在這樣的地方為了能得個顧客的支持，我會盡量展現出屬於自己的個性，與其他店家做出區別。

舉例來說，調酒部分會使用埼玉縣產的材料創作配方。埼玉縣除了特產的蔬菜及水果之外，也有當地釀造的酒及飲料，不知道這些材料的當地人意外地多，因此外地人更是如此。於是將這些材料運用在調酒，「來到埼玉縣就要去那間店」加強本店的印象。

在製作低酒精調酒時，比起減少基底的酒量，我更注重於即使量少也要呈現出酒本身的存在感。因此所使用的酒非常重視香氣、味道以及厚度。

尤其有效的就是苦精。到目前為止也許都是比較常見的類型，最近全新的種類增加，在業界也受到矚目。香氣強烈，就算量少也能充滿存在感。雖然這次沒有使用，不過甚至有酒精濃度較低的苦精。即使用通寧水或蘇打水注滿也仍具有存在感，像這樣的材料可說是低酒精調酒的便利素材。

另外，香氣或風味帶有獨特個性的手工利口酒也逐漸增多。這些材料也都是低酒精化時，可積極使用的材料。

不過如果是伏特加的話，既沒有味道也沒有香氣，這時候就要在副材料多下點心思。在我的店內也有用埼玉縣產的原料浸泡而來的自製烈酒，以及蒸餾後的芳香水，會運用這些材料來製作調酒。

**The Bar Sazerac**
■地址　埼玉県さいたま市大宮区仲町 2-42
　　　　セッテイン 5 階 -B
■電話　048-783-4410
■ URL　https://the-bar-sazerac.business.site/
■營業時間　18：00〜隔天 2：00　（週六、
　　　　　　週日、國定假日為 17：00〜）
■公休日　週四不定期公休

# Aromatic Sour

香氛沙瓦

在沙瓦系的調酒當中有威士忌沙瓦或是琴通寧等調酒，不過卻沒有以苦精為基底的類型，因此而創作出這款調酒。曾在大阪的酒吧試喝過「No 1調酒苦精」，由於非常美味，所以用這瓶苦精作為主要材料調製。這瓶苦精本身的酒精濃度為44%，使用量為10ml，因此製作成調酒後的酒精濃度約為4%。除了艾碧斯及苦精，還搭配香氛氣味，架構出骨幹。

「No 1 Cocktail Bitters」…10ml
檸檬汁…20ml
葡萄柚汁…40ml
蛋白（中型）…1顆份（約30ml）
佛手・梅爾檸檬糖油（oleo saccharum）（※）…10ml

艾碧斯噴霧
八角

1　將蛋白及艾碧斯以外的材料放入攪拌機內攪拌，接著放入蛋白再次攪拌。

2　將1倒入雪克杯中搖盪。

3　用濾網過篩至庫博杯（coupe）中。

4　裝飾八角，噴灑艾碧斯噴霧。

### ※ 佛手・梅爾檸檬糖油

將柑橘類的果皮與砂糖混合後靜置，砂糖溶於柑橘類果皮釋出的油脂而製成的糖漿。由於不用火煮，所以帶有強烈的柑橘香氣。

於大阪的酒吧「Nayuta」所製作而成的「Cocktail Bitters No.1」。以經典配方加上乳香燻煙，帶有香辛風味。酒精濃度為44%。

# Delicato

溫柔

義大利語為「溫柔」之意的調酒，可當作餐前酒品嚐。「Aperol」本身是一種酒精濃度僅有 11% 的利口酒。此款調酒是把這瓶利口酒所調製的 Aperol Spritz，再加入蘇打水使其低酒精化而成。「Aperol」搭配柳橙及檸檬等提升香氣，再加入豆乳優格，使柳橙特有的紅橙色附著於優格，而讓液體呈現出透明感及溫和的風味。

透明 Aperol（※）…30ml
無酒精氣泡酒…30ml
蘇打水…30ml

柳橙皮

1　玻璃杯放入 2 顆冰塊。

2　透明 Aperol 及無酒精氣泡酒以　1：1 比例放入玻璃杯中，再用蘇打水注滿。

3　柳橙皮輕擰後裝飾玻璃杯。

### ※ 透明 Aperol

「Aperol」是將柳橙汁、柳橙皮及檸檬汁混合後，再用豆乳優格吸附色素而製成。最後去除豆乳優格使用。

# Mexican Mule

墨西哥驢子

ABV
3.3 %

是以莫斯科驢子為靈感而創作的一款調酒。將加了辣椒浸泡，帶有辣味的梅斯卡爾（Mezcal）作為基底，搭配鳳梨汁的甜味、甜椒的甜味，以及發酵薑汁汽水的味道及香氣。啜飲一口，首先辛辣感刺激舌頭，接著是甜椒及鳳梨的複雜甜味，再加上梅斯卡爾及薑汁汽水的「土味」風味香氣，構成醇厚感。由於香氣複雜重疊，即使是酒精濃度僅有 3.6% 的調酒，也不會覺得酒精感薄弱，喝出心滿意足。

梅斯卡爾（Ajal）（浸泡辣椒）…10ml
鳳梨汁…30ml
黃色甜椒…3g
發酵薑汁汽水「GINGER SHOOT」…60ml
蘇打水…10ml

鳳梨乾
燻製鹽

*1* 燻製鹽於岩杯裝飾雪花杯型。

*2* 梅斯卡爾、鳳梨汁、甜椒放入攪拌機。

*3* 將 **2** 倒入 **1** 內，放入 1 顆大冰塊，再用發酵薑汁汽水及蘇打水注滿。

*4* 裝飾鳳梨乾。

製作梅斯卡爾所選擇使用的是「Ajal」（酒精濃度 40%）。將其浸泡辣椒釋出辣味後使用。

「GINGER SHOOT」是用埼玉縣見沼區生產的薑製作而成的無酒精飲料。使用生薑、水果及蜂蜜，並加入酵母菌發酵。濃郁的生薑風味為其特色。

# Jasmine Rice

茉莉米

使用埼玉當地產的材料，製作出一款和風印象的低酒精調酒。近年來酒吧也經常使用燒酎，因此以米燒酎為基底，與適合搭配的味醂做成的糖漿，以及茉莉花茶加以組合。如果只有米燒酎，香氣給人的印象會太薄弱，因此使用將 5 種植物浸泡於全麴麥燒酎製成的和風 Spritz，呈現香氣及骨幹。運用拋擲（Throwing）技法，以發揮出香氣。

米燒酎「尚禪」…10ml
「WAPIRITS TUMUGI」…5ml
茉莉花茶…80ml
味醂糖漿（味醂、砂糖）…5ml

*1* 材料放入兩節式雪克杯，放入 3 顆冰塊，以拋擲技法調製。

*2* 倒入葡萄酒杯，再放入 1 顆冰塊。

米燒酎「尚禪」的酒精濃度為 25%。是於埼玉縣蓮田的日本酒酒廠所釀造的米燒酎，特色是醇厚感及豐富的風味。

# White Low Martini

白色低度馬丁尼

ABV
4.6 %

在創作甜點調酒時，為了能襯托甜味必須要充分感受到酒精，不過這次嘗試做成低酒精濃度的類型。即使酒精濃度較低，為了調製出滿足度高的調酒，將奶油系的利口酒當做基底，搭配少量帶有香氣的開心果香風味伏特加。若只有這樣香氣會太薄弱，所以搭配咖啡豆蒸餾後的透明水。雖然咖啡的香氣意外地強烈，但調酒本身為白色，這種反差感也很有趣。加入熬煮後的 Amaretto 增添甜味，架構出調酒的骨幹。

開心果伏特加（※）…5ml
奶油利口酒「DISARONNO VELVET」…10ml
咖啡豆蒸餾水（※）…30ml

鮮奶油…20ml
Amaretto 糖漿
（Amaretto 利口酒「DISARONNO」放在鍋中熬煮至酒精揮發）…5ml

黑芝麻

1 材料放入三節式雪克杯中搖盪。
2 倒入調酒玻璃杯中，放上黑芝麻。

**※ 開心果伏特加**

於手工伏特加品牌「Ketel One VODKA」（酒精濃度40%）中，將開心果浸泡萃取香氣及鮮甜味而來。

**※ 咖啡豆蒸餾水**

咖啡豆浸泡於水中，加熱蒸餾而來。雖然液體為透明，但咖啡香氣非常強烈。

# The Bar CASABLANCA

## 山本 悌地

**經營者兼調酒師**

於 1990 年開始，在銀座的「ST・SAWAI ORIONS」從事調酒師一職。之後歷經「橫濱 Excellent CoastBar Neptune」、「關內 Marine Club」、「New Glory」後，於 1994 年開始經營『The Bar CASABLANCA』。除了 2000 年在 NBA 全國調酒師技能大賽中榮獲綜合冠軍之外，也獲獎多數。

透過運用不熟悉或是酒類
特有的香氣，讓飲酒的人能抱有
「正在喝酒」的幻想感

2022 年迎接開店 28 週年。我的店從開張當時就開始提供新鮮水果調製的調酒。日本人對於季節性的東西非常有興趣，因為積極使用水果的關係，也有不少客人抱著期待的心情「今天有什麼？」來訪店裡。

與開店當時相較之下，原料的來源通路變多，如今已經能直接向農民訂購當季的水果。從國外也變得能進口各種水果，不論是種類或品質都增加。顧客方面也是，過去多半是男性帶著女性來店內，現在結伴前來的女性也增多。也因為這樣的趨勢，水果調酒尤其受歡迎。

會點低酒精濃度調酒的顧客，通常是幾乎無法喝酒或是已經喝太多的人。我會對於這些顧客提供無酒精或是低酒精的調酒。其實在因為疫情政策關係，而無法販售酒類的這段期間，我仍以無酒精的水果調酒持續營業，所以反而容易著手於提供低酒精調酒。無酒精調酒的液體無法膨脹，因此少量的酒精比較容易製作成調酒。

在低酒精化時，會使用日本人比較不熟悉的香氣，或是只有酒類才擁有的香氣，著重於調製出果汁所沒有的香氣。因為能藉由這些香氣，讓客人抱持著彷彿正在喝酒般的幻想感。酒類才擁有的香氣，最具代表性的可說是艾碧斯的八角香氣。

另外，店名『CASABLANCA』是摩洛哥的都市名，以前曾經學過摩洛哥料理一段時間。那時候不知道是否因為伊斯蘭教的關係，料理也完全不使用酒。像是肉類在法國的話，會用紅酒使風味變得華麗，摩洛哥料理卻非如此。然而取而代之的是用香辛料或香草補足，讓香氣及味道變得豐富。這種概念也能成為低酒精化調酒的製作參考。

### The Bar CASABLANCA

- ■地址 神奈川県横濱市中区相生町 5-79-3
  ベルビル馬車道地下 1 階
- ■電話 045-681-5723
- ■ URL http://casablanca.yokohama/
- ■營業時間 16：00 ～隔天 1：00
  （最後點餐時間為 24：30）
- ■公休日 歲末新年連假
  （會有研修而臨時店休）

# Death In The Yokohama

横濱之死

ABV
6.8 %

以海明威調製的調酒「Death in the Afternoon」為靈感所創作的低酒精調酒。原本調酒的配方是在艾碧斯中加入香檳，這種搭配不僅個性強烈，喜好因人而異，酒精濃度也高。因此依然使用艾碧斯，搭配用琴酒、柳橙糖漿及柳橙汁製作而來、源自本地的調酒「橫濱」，而琴酒則是用無酒精類型取代，變得更容易入口。就算艾碧斯只加了 1 dash，也仍然能品嘗到特有的奇異風味，雖然酒精濃度不高，卻能喝出暢飲的滿足感。

艾碧斯「Pernod」…1dash
香檳…60ml
紅石榴糖漿…10ml
「無酒精琴酒 Nema 0.00% Standard」…15ml
新鮮柳橙汁…25ml

血橙

*1* 香檳以外的材料放入雪克杯中搖盪。

*2* 移至 tin 杯，倒入香檳輕輕攪拌。

*3* 倒入香檳杯，裝飾血橙。

艾碧斯「Pernod」。雖然酒精濃度高達 68%，但只加入 1 dash，並運用其富有個性的香氣。

安納 AN OA

ABV
6.6 %

在艾萊島特有的泥炭香氣當中，帶有奶油感的就是這瓶「Ardbeg AN OA」威士忌。多年前在試喝這瓶單一純麥威士忌時，想像蘇格蘭的風景創作出一款調酒，如今再將那款調酒低酒精化。製作成雪花杯型是因為喝到鹽巴點綴的部分時，能更加強烈地感受到威士忌。啜飲一口首先會聞到濃縮咖啡的香氣，喝完則是能感受到威士忌的香氣從鼻腔釋放。適合與這種煙燻香氣搭配的材料，我選擇了安納芋。安納芋具有甜味及滑潤的口感，因此就算降低酒精度也能喝出滿足感。原本的調酒中還會加入浸泡安納芋皮的萊姆酒，但在這裡不使用，而是根據整體的平衡感決定威士忌的量，調整酒精濃度。

「Ardbeg AN OA」雅柏威士忌…15ml
安納芋（烤箱烤過後去皮）…40g
濃縮咖啡 Expresso…20ml
鮮奶油…20ml
茴香利口酒…1tsp
蜂蜜…15ml

鹽
可可碎粒

*1* 材料放入及冰塊一起放入攪拌機內攪拌。

*2* 倒入鹽巴裝飾杯緣的玻璃杯中。

*3* 黑色岩盤裝飾可可碎粒及綿羊迷你模型，最後放上 *2*。

「Ardbeg」的蒸餾所位於艾雷島上的海岬所釀造的單一麥芽威士忌。酒精濃度為 46.6%。

# Low Alcohol Jack Tar

低酒精水手

ABV
7.3 %

源自於橫濱中華街的老字號酒吧「Wind jammer」，橫濱的代表性調酒「Jack tar」，如今已成為經典調酒之一。原本這款酒精濃度高達 30% 以上的調酒，是由橫濱的偉大前輩們所創作的逸品，由我這樣的菜鳥出手總是過意不去，不過還是嘗試變化成低酒精的配方。這款調酒是由酒精濃度高達 75.5% 的蘭姆酒「Ronrico 151」、「Southern Comfort（金馥香甜酒）」以及萊姆調製而成。由於特色是有如焦糖般的甜味香氣，因此將波本、水蜜桃利口酒及百香果糖漿加以組合，重新架構風味。不使用萊姆酒，保留原本的水果風味，調製出低酒精濃度且清爽的口感。

「Jack Daniels」…20ml
水蜜桃利口酒…5ml
百香果糖漿…5ml
萊姆甘露（Cordial）…10ml
新鮮鳳梨汁…60ml

萊姆

1　材料放入三節式雪克杯中搖盪。
2　倒入玻璃杯，放入碎冰輕輕攪拌，再裝飾萊姆。

基酒使用與「Jack」有關的「Jack Daniels」。酒精濃度為 40%。

# 蘋果與大吉嶺阿芙佳朵

ABV
5.0%

因為酒精濃度減少而造成的不足，可透過甜味來補足，因此使用蘋果創作出這款甜點系調酒。蘋果使用一整年都容易取得，而且酸甜平衡容易處理的「山富士」品種。將蘋果打成泥後放入鍋中加熱出香氣，再與浸泡紅茶茶葉的伏特加混合，倒在香草冰淇淋上。紅茶的種類是選擇適合與蘋果搭配的大吉嶺。加熱後提升風味，能彌補酒精濃度的低弱，再藉由香草冰淇淋的甜味帶來滿足感。可透過大吉嶺的香氣品嚐香草冰淇淋，冰淇淋完全融化後又別有風味。是一款能隨著時間享受風味變化的調酒。

伏特加大吉嶺浸泡液（※）…20ml
新鮮蘋果汁…80ml
蜂蜜…2tsp
香草冰淇淋…50ml

蘋果
薄荷葉

*1* 蘋果放入果汁機內打成泥，再放入鍋中加熱。

*2* 加熱後放入蜂蜜溶解，再放入伏特加大吉嶺浸泡液攪拌。

*3* 調酒杯中放入香草冰淇淋，再倒入 **2**。裝飾蘋果及薄荷葉。

**※ 伏特加大吉嶺浸泡液**

用少量熱水淋在大吉嶺茶葉上，
稍微悶熱後倒入伏特加，靜置一
晚過濾茶葉。

# BAR JUNIPER Trinity

### 高橋　理

經營者兼調酒師

曾歷經飯店業工作，接著在「Bar Old Course」修業 7 年。之後於 2011 年進入大阪 北新地的琴酒專門酒吧「Bar Juniper」擔任店長後，於 2019 年開始經營『BAR JUNIPER Trinity』。店內有多達 200 種類的琴酒，也提供用香氛水製作的原創調酒。

製作低酒精調酒時，
會透過甜味及黏性帶來醇厚度，
並且藉由香氛水的香氣提高滿足度

於 2019 年開始經營以琴酒為主的酒吧。店內以「香草工場」、「理科實驗室」為意象，在後台吧設置部分專用空間，用來放置蒸餾器，吧檯內也準備了用香草及香料等製作而成的香氛水，用來製作調酒。

我對於香氛水（Aroma Water）開始產生興趣，是因為在創業前工作的那間酒吧著重於琴酒的關係。在思考有哪些有趣的副材料能提供客人飲用時，發現用花草製作琴酒的做法，與素材加水蒸餾而成的香氛水的做法相同，之後便開始深入研究。

創業後開始思考是否能將副材料當作主材料，除了香氛水之外，也會自製其他副材料，創作出其他店沒辦法品嘗到的原創調酒。

在製作低酒精調酒的時候，因為減弱酒精濃度而使酒體不足時，會用甜味及黏性來彌補。而原本就是清爽風味的調酒，則是會特別注意甜味及酸味的平衡。

當然，也會運用這間酒吧的特色 --- 香氛水來製作低酒精調酒。香氛水的好處在於，除了油脂含量較多的材料製作的種類以外，大多都是無色透明且沒有味道，只能感受到香氣，而且香氣具有持續性。因此與各種酒類都很容易搭配，香氣不會瞬間消逝，而是持久留香，在調酒飲用完畢之前都能持續芳香，到最後都能藉由香氣來補足低酒精造成的滿足感薄弱。

香氛水除了直接使用於調酒之外，也會將香氛水調味製作成冰塊，或是加入洋菜（以海藻為原料的凝固劑）使其凝固運用於調酒等，進行各種加工。如此一來不僅外觀或口感也能更富趣味性，創作出令人印象深刻的調酒。

**BAR JUNIPER Trinity**
■地址　大阪府大阪市北区天滿橋 1-4-10
■電話　080-4340-8987
■ URL　https://barjuniper-trinity.com/index.html
■營業時間　18：00 ～隔天 2：00
　　　　　（最後點餐時間為隔天 1：30）
■公休日　不定期店休

# Tea Slime

紅茶史萊姆

ABV
4.4 %

靈感來自於水信玄餅，屬於食用型的低酒精調酒。用紅茶香氛水製作史萊姆，再淋上奶油雪莉酒品嚐，整體的酒精濃度為 7% 左右。當史萊姆遇到酒精會逐漸化開，化開的過程也是一種樂趣。用湯匙勺起品嚐，最初滑潤的口感非常舒適，奶油雪莉酒的香氣緊接而來，喝完後由鼻腔深處散發出紅茶香氣。不論外觀、口感及香氣都能樂在其中，完全不會感到酒精濃度的薄弱。在這裡沒有使用黃豆粉，如果要製作正宗的甜點，也可以佐以黃豆粉提供。材料要事先準備，因此需要店內 2 人以上的預約。

奶油雪莉酒…30ml
紅茶香氛史萊姆（※）… 1 個（90g）

*1* 史萊姆放入鋪著竹葉的盤中。奶油雪莉酒放入其他的器皿中一起提供。

*2* 將奶油雪莉酒淋上史萊姆享用。

### ※ 紅茶香氛史萊姆

洋菜、砂糖、紅茶香氛水（※※）

*1* 洋菜與砂糖混合，加入紅茶香氛水，倒入鍋中加熱使其溶解。

*2* 倒入模型中，凝固後放入冰箱冷卻。

### ※ ※ 紅茶香氛水

紅茶加入水中，蒸餾後取得紅茶香氛水。

# Rose Bellini

玫瑰貝里尼

ABV
7.0 %

用水蜜桃果泥及香檳製作，源自於威尼斯的「貝里尼」的低酒精版調酒。用玫瑰的香氛水製作冰沙代替水蜜桃，使其融化於玻璃杯中製作出「貝里尼」飲用。雖然香檳的量不變，但是取代水蜜桃果泥的是純液態的香氛水，因此能稀釋酒精濃度。為了呈現出水蜜桃的意象，製作香氛水後加入洛神染成粉色。使用了玫瑰而非水蜜桃的原因，是因為桃子本身就是薔薇科植物，香氣屬於相同的系統，所以適配度非常好。玻璃杯中因為冰沙融化於香檳時產生的氣泡，帶來原版調酒沒有的清爽印象。

香檳…70ml
玫瑰香氛冰（※）… 1 個（約 50g）

香氛冰放入古典調酒杯，倒入香檳。

### ※ 玫瑰香氛冰

1 將少許洛神花加入 25ml 的玫瑰香氛糖漿（※），
  靜置一段時間，色素釋出後將洛神花過濾。

2 於 1 加入 100ml 的水，加入 5ml 檸檬汁混合，放
  入冷凍庫。

3 冰凍至某個程度後，放入圓球形的模具內冷凍。

### ※ 玫瑰香氛糖漿

玫瑰香氛水中加入砂糖溶解成玫瑰香氛糖漿。

乾燥玫瑰放入水中蒸餾，
取得玫瑰香氛水。

# Seisui
青翠

ABV
6.4 %

是一款由酒精濃度 3% 的甘酒與抹茶、柚子利口酒組合而來的抹茶調酒。其實這款調酒原本是使用由柚子、綠茶等植物原料製作的日本國產琴酒「翠」調製而成的原創調酒。為了低酒精化，將琴酒由此配方去除，取而代之加入使用了植物原料的柚子利口酒，也使用了柚子皮。香草苦精及蛋白為原有的配方，藉由加了蛋白後的醇和感，不會讓人感到酒精濃度的不足。甘酒及蛋白搖盪後的白色泡沫，讓外觀也呈現華麗感。甜度足夠，是一款能讓令人滿足的調酒。

甘酒（有酒精）⋯40ml
抹茶⋯2tsp
柚子利口酒⋯10ml
蛋白（粉末）⋯適量
香草苦精⋯ 1 drop

柚子皮粉末

*1* 所有材料放入雪克杯搖盪，倒入調酒杯中。

*2* 柚子皮裝飾於表面。

將琴酒從配方移除，原本琴酒中含有的柚子，由柚子的手工利口酒彌補。酒精濃度為 20%。

# Lemongrass Rebjito

ABV
5.0 %

檸檬香茅 Rebjito

是一款以 Manzanilla 或是 Fino 雪莉酒製作的「Rebujito」為基底的調酒。雪莉酒本身的酒精濃度約為 15 ～ 22%，再兌上通寧水，因此「Rebujito」本身的酒精濃度就不高，再加以低酒精化調製而成。酒精部分只有雪莉酒而已，低酒精化時必須要減少雪莉酒的含量。如此一來會讓酒體變得薄弱，所以用檸檬香茅製作的香氛水帶來檸檬的清爽香氣，再藉由檸檬汁提高酸味，架構出骨幹。最後增添迷迭香的香氣，呈現深奧感。

Manzanilla 雪莉酒…30ml
檸檬香茅香氛水（※）…10ml
檸檬汁…5ml
通寧水…適量

迷迭香

*1* 將通寧水以外的材料倒入玻璃水杯中攪拌。

*2* 倒入通寧水注滿。

*3* 裝飾迷迭香。

**※ 檸檬香茅香氛水**

將檸檬香茅切碎後浸泡於水中，蒸餾取得香氛水。

Manzanilla 使用的是口感俐落、風味細緻的「Osborne」。酒精濃度為 15%。

# Bicerin

彼雀令

在義大利皮埃蒙特地區，有一種叫做「Bicerin」的飲品。是由濃縮咖啡、巧克力及鮮奶油製作而成的飲料。以此為靈感創作出這一款咖啡調酒。咖啡部分由於器具的關係難以使用義式濃縮，因此用深焙帶有苦味的咖啡豆沖泡。酒精使用巧克力利口酒，加熱至65 ～ 70℃容易入口的溫度並點火，再搭配加入熱巧克力的咖啡。藉由巧克力的甜味及鮮奶油的醇厚感，忘卻酒精濃度的薄弱而充分品嚐調酒。

巧克力利口酒…20ml
熱巧克力…40ml
濃縮咖啡 Expresso（熱咖啡）…40ml
鮮奶油…40ml

可可碎粒

*1* 鮮奶油打發泡。

*2* 熱巧克力與熱咖啡混合加熱，倒入耐熱玻璃杯。

*3* 巧克力利口酒放入鍋中加熱並點火，倒入 **2** 的杯子內，輕輕攪拌。

*4* 上層倒入 **1**，裝飾可可碎粒。

由可可豆及鮮奶油製作而成，彷彿融化般風味的巧克力利口酒。酒精濃度為17%。

# Bar CAPRICE

## 福島 寿継

經營者兼調酒師

曾紅於知名調酒師・大泉洋的店「Colegio」（之後搬家改名成「Coleos」）工作，在大泉洋的栽培下長年精進技術。2014年「Coleos」結束經營後，在隔年2015年同樣於涉谷開始經營『Caprice』。繼承了師父的技術而受到顧客的歡迎。

具體而明瞭的提案，
使用水果，藉由果皮呈現風味，
為「低酒精」增添魅力

作為正統派的酒吧，顧客以經典調酒的點餐居多，偶爾也會有女性顧客出現「酒精濃度低一點」等要求。

在這種時候首先推薦使用水果的調酒，這是我從研修時期就學會的方式。因為酒精濃度減少而造成的不足，可藉由水果的香氣及甜味來彌補。另外，說要降低酒精濃度時，大多數顧客通常都會聯想到使用水果的調酒。

這時候所使用的水果需要注意的是，盡量選擇一整年都能容易取得的種類。像是草莓或石榴等季節性的水果，如果客人下次造訪時說「來一杯那時候喝的調酒」的話，產季以外的時期都會無法回應需求。

此外，無論再怎麼熟悉酒吧的顧客，也不會具體要求「請給我酒精濃度〇〇％的調酒」。而不習慣酒吧的顧客，就算說「酒精濃度比較低」而製作調酒時，也無法得知是以哪種基準來判定高低。因此在為客人提出調酒建議時，會讓對方看酒瓶並說明「基底是用這款蒸餾酒，酒精濃度大約是這種程度。製作調酒會加一半的水果，整體的紅酒或雪莉酒的酒精濃度大概會變成這樣」，像這樣簡單易懂的方式具體傳達給對方。

最後，如果調酒有使用新鮮水果的話，果皮帶有皮脂的水果，在調製完成時一定會擰擠果皮，強調香氣。如此一來，嘴巴接近玻璃杯時，首先第一印象會感受到香氣而不是專注於酒精濃度的高低。

另外，擰擠果皮這個方式其他類型的飲食店較少看到，藉由這種表演效果讓顧客更加意識到「來到酒吧享受調酒」這件事，享受品嚐調酒的樂趣。

**Bar CAPRICE**
- ■地址　東京都涉谷区道玄坂 2-6-11
　　　　鳥升ビル地下 1 階
- ■電話　03-5459-1757
- ■營業時間　18：00～隔天 1：00　（最後點餐時間為隔天 12：30、週日營業到 23：00、最後點餐時間為 22：30）
- ■公休日　週二、國定假日

說到短飲型且酒精濃度低的代表性調酒，就是這款瓦倫西亞。這款調酒的杏桃特有甜味，以及柳橙的華麗的甜味及香氣完美取得平衡，是一款非常美味的調酒。屬於短飲型的同時，就算調整杏桃利口酒，其酒精濃度也落在 12 ～ 14% 左右。因此為了降低酒精濃度，將杏桃利口酒與柳橙汁的比例反過來添加。另外，在最後完成階段擰擠柳橙皮，取代標準配方中的柳橙苦精，增添香氣。

杏桃利口酒⋯1/3
新鮮柳橙汁⋯2/3
紅石榴糖漿⋯1tsp

柳橙皮

*1* 材料放入雪克杯搖盪，倒入玻璃杯。

*2* 擰擠柳橙皮。

BOLS 的杏桃利口酒。酒精濃度為 24%。使用與標準配方相反的 1/3（20ml）比例，調整成低酒精的調酒。

# French Yellow

法國黃

ABV
4.9 %

所使用的利口酒皆為法國產的黃色利口酒，名稱由此而來的一款原創調酒。「SUZE」利口酒又被稱為「法國版的金巴利」，因此能夠想像其苦味，也帶有類似人蔘的風味。搭配葡萄柚果汁，最後將「Chartreuse Jaune（夏翠絲黃色香甜酒）」漂浮於上層，添加香料植物的香氣。啜飲一口，「Chartreuse Jaune」的清爽甜味、葡萄柚及「SUZE」的特殊苦味，構成複雜且具有深度的風味，彌補酒精濃度的不足。這款調酒最後擰擠的是葡萄柚果皮。

「SUZE」…30ml
新鮮葡萄柚汁…90 ～ 100ml
「Chartreuse Jaune」…1tsp

葡萄柚皮

*1* 冰塊放入柯林斯玻璃杯（Colins glass），倒入「SUZE」及新鮮葡萄柚汁後攪拌。

*2* 將「Chartreuse Jaune」漂浮於表層。

*3* 擰擠葡萄柚果皮。

「SUZE」使用了龍膽科植物的根，帶有類似朝鮮人蔘獨特苦味的利口酒。酒精濃度為 15%。

藥草系利口酒「Chartreuse Jaune」，清爽中帶著蜂蜜的醇和甜味。與「SUZE」搭配呈現出複雜的苦味。

# Cocktail Bar 馬車屋

### 辰巳 ナオキ

經營者兼調酒師

因為飯店的工作經歷而走上調酒師的道路。於師父的酒吧拜師學藝後，在神戶創業「alf」酒吧。之後轉移陣地至大阪北新地，經營「Athrun」酒吧 14 年。繼承於 2003 年關店的師父酒吧的名號，在 2018 年開始經營目前的酒吧。

搭配與水果相同系統的酒或糖漿加以組合，取代酒精濃度的薄弱，帶來品嚐時的滿足感

以飯店為開端踏入調酒師的世界，在神戶修業後，曾於神戶及大阪北新地經營自己的店。接著在 2018 年繼承修業時師父的店名，於目前的店面經營酒吧。

我的店會進當季的水果，而店內隨時都會準備數十種成熟到某個程度的水果，製作新鮮水果調酒，這也成為本店的招牌。原本就是為了讓女性也能開心品嚐，而調製出低酒精的調酒，店內打著「咕嘟咕嘟系調酒」名號，將品項寫在黑板上提供顧客能輕鬆點餐。

觀察最近的顧客，發現追求「感受不到酒精的飲品」的人增加了。比起藉由烈酒喝醉，更多人是為了心情愉悅地享受飲酒時光。也因為這些客群增加，「咕嘟咕嘟系調酒」也越受到歡迎。

我自己在調製水果調酒時，基底是以水果為主而非酒精，其餘都當作副材料。酒精濃度大約會調整至與啤酒差不多的程度。因此就不會將蒸餾酒等酒精濃度較高的酒類當作基酒。舉例來說，就算是一般的水果調酒，只要客人有要求的話，就會盡量將其他酒精濃度較低的酒類作為基底。

此外，一般而言為了減少酒精濃度，會需要提升水果的甜味及香氣，因此便會活用利口酒或是糖漿。用水果製作調酒時，會經常用其他風味的材料調整平衡，不過像我就會用蘋果的利口酒或糖漿搭配蘋果。使用相同系統的材料，是『馬車屋』的特徵。

另外也會刻意保留水果的纖維，就像是喝到完整的水果一樣，或是呈現出比新鮮水果更加新鮮的風味等，提升滿足感以取代酒精濃度的薄弱。

## Cocktail Bar 馬車屋

■地址　兵庫県神戸市中央区中山手通 1-14-12
　　　　ゴールドウッズ 85 番地ビル 2 階
■電話　078-332-8087
■ URL　https://www.facebook.com/
　　　　nhathrun0411
■營業時間　15:00 ～ 24:00
　　　　　　（最後點餐時間為 23：30）
■公休日　不定期休假

# HOT 蜜柑

ABV
5.5 %

即使在種類繁多的熱調酒當中，也很少見到用新鮮水果調製而成的類型。然而在我的店內，這款是冬天非常受歡迎的調酒。加入與蜜柑同為柑橘的利口酒柑曼怡（Grand Marnier），提升蜜柑的風味。製作成熱調酒，舉杯就口時更能感受到柑橘的強烈香氣，完全不會覺得酒精濃度不足。溫州蜜柑為小顆的蜜柑，除了甜味之外還帶有一些酸味，重點在於使用具有蜜柑風味的種類。味道會因為熱水而變淡，因此加入洋梨糖漿補足風味。壓碎成較大塊的蜜柑，在視覺上也能帶來新鮮水果的滿足感受。

溫州蜜柑…小型 1 個
熱水…90ml
Grand Marnier 柑曼怡…30ml
洋梨糖漿…10ml

血橙乾

*1* 溫州蜜柑剝皮放入玻璃杯中，倒入熱水，用研磨槌輕輕壓碎。

*2* 加入其他材料，輕輕攪拌。

*3* 裝飾血橙乾。

洋梨糖漿是在低酒精化時，補足味道的重要材料。所有水果都很適合。

草莓

ABV 2.9 %

草莓幾乎沒有人討厭，可說是日本人最愛的水果。使用草莓創作出彷彿在吃草莓般的調酒。透過草莓濃郁的甜味香氣，啜飲一口就能深深意識到「草莓」，因此完全不會在意酒精濃度太低，能充分享受調酒。這款調酒除了主材料之外，利口酒及糖漿也都用了草莓風味，並以低酒精濃度調製而成。此外為了與草莓的甜味取得平衡，加了檸檬利口酒後，最後再將日本國產檸檬榨汁加入。

草莓…3 顆
草莓利口酒…25ml
草莓糖漿…15ml
檸檬利口酒…10ml
檸檬汁…10ml

草莓

*1* 草莓去除蒂，放入 tin 杯用研磨槌搗碎。

*2* 放入剩餘的材料，用波士頓雪克杯搖盪。

*3* 倒入玻璃杯，裝飾草莓。

使用草莓利口酒，強化新鮮草莓的風味。酒精濃度為 15%。

用 Dekuyper 品牌製作的檸檬利口酒，與草莓的甜味取得平衡。酒精濃度為 20%。

# 奇異果 Q

ABV
4.6 %

在表現水果的美味程度時，大眾媒體等經常會用「糖度有多高」這種方式來介紹，但我認為酸度也非常重要。其實酸度相似的東西，其適配性也越高。這款調酒是由奇異果及葡萄柚組合而成。奇異果及葡萄柚的酸度比較接近，因此搭配起來能變得更美味。與水果的組合能提高美味度，因此酒類使用酒精濃度 17% 的奇異果利口酒，調製成酒精度 2.9%，令人心滿意足的低酒精調酒。糖漿會根據水果的甜度改變用量。

奇異果…1/2 個
葡萄柚汁…45ml
奇異果利口酒…45ml
糖漿…15ml

奇異果

*1* 奇異果去皮，切成適當厚度的薄片。

*2* tin 杯中放入 **1**，用研磨槌輕輕搗碎。

*3* 放入葡萄柚汁、奇異果利口酒及糖漿，用波士頓雪克杯搖盪。

*4* 倒入玻璃杯，裝飾奇異果薄片。

# 蘋果拉塔

ABV
5.2 %

這款是我的店內最受歡迎的調酒。原本構想的是水梨調酒，想說水果搭配牛奶應該會變成很有趣的調酒。後來覺得與蘋果搭配也會很美味，因此而開始創作。希望能一整年都可以提供這款調酒，所以蘋果使用的是紅龍品種。容易搗碎，甜味也很適合調酒。將蘋果利口酒等所有材料搖盪後，刻意不過濾直接倒入玻璃杯。保留蘋果的清脆口感，讓客人意識到「正在喝蘋果」。冬季會使用熱牛奶，並且用拋擲（Throwing）技法提供熱調酒。

新鮮蘋果…1/8 個
蘋果利口酒…30ml
優格利口酒…15ml
牛奶…45 ～ 50ml
原味糖漿…10ml

蘋果

*1* 蘋果用研磨槌稍微磨碎。

*2* 蘋果利口酒、優格利口酒、牛奶及原味糖漿放入兩節式雪克杯中搖盪。

*3* 倒入玻璃杯，裝飾切片蘋果。

加入以青蘋果的清爽香氣為特色的蘋果利口酒，提高新鮮的風味。酒精濃度為 20%。

藍莓莓果

ABV
11.1 %

雖然現在已經能買到國外進口的新鮮藍莓，但是調酒用的話，於初夏出現在市面上的日本國產藍莓更便於使用。再加上藍莓利口酒、伏特加、優格利口酒及覆盆莓汁，並且用攪拌機混合。藍莓本身的甜味非常醇和，因此試過味道後，再用利口酒補足甜味及鮮味，以及用覆盆莓補強酸味。優格利口酒扮演著連接水果及酒精的角色。對於不勝酒力的客人，也可以去除伏特加特製，這時候的酒精濃度為 5.6%。

新鮮藍莓…10 ～ 15 顆

藍莓利口酒…20ml

伏特加…15ml

覆盆莓汁…10ml

優格利口酒…10ml

藍莓（3 顆，裝飾用）

*1* 將裝飾用藍莓以外的材料，與碎冰一起放入攪拌機內攪拌。

*2* 倒入裝有冰塊的岩杯，裝飾藍莓。

用來當作連接水果及酒精的優格利口酒。酒精濃度為 15%。

# The World Gin&Tonic〔Antonic〕

## 宮武 祥平

經理

於金融機構工作 4 年後，受到朋友武田光太（總監）的邀請進入『Antonic』。從開幕就開始擔任調酒師兼店經理。

# 透過專門店的特有的巧思，
# 將琴通寧調製成
# 酒精濃度更低的調酒

『Antonic』是日本首創的琴通寧專門店。

也許因為年輕人本身不愛喝酒，或是越來越少透過前輩介紹酒吧的關係，得知正統酒吧的機會逐年減少。尤其對於年輕族群而言，不熟悉的酒吧門檻太高。除了不敢輕易踏入之外，許多酒吧通常沒有飲品單，不論價格或點餐方式都無從得知。

在這樣的情況下，希望知道酒吧或是喜愛酒吧的人能增加，因此將焦點放在「酒吧的入門篇」，也就是比較廣為人知的琴通寧調酒，於是在 2020 年 10 月 31 日開了這間專門店。不收座位費，調酒價格為含稅 800 日圓、1000 日圓、1200 日圓共三種。所有飲品種類在 Instagram 都能看到，只要選擇琴酒種類就能提供琴通寧，點餐的方式也非常簡單。

琴酒是最常推出新產品的酒類。因此在『Antonic』把與通寧水的適配度作為首要考量，替換廠牌的同時，準備了從北歐到南美世界各國 120 種類以上的琴酒。琴通寧的配方及份量基本上皆為固定，只有比較琴酒的差異性。

其實在『Antonic』，琴酒的比例與標準的琴通寧相較之下更少，通常提供的調酒其酒精濃度也只有 7 ~ 8%，酒精濃度比正統的酒吧還低。這是為了讓還不習慣酒精的年輕客層也能容易入口，同時也讓顧客感受到琴酒的有趣之處，因此彼此喝完一杯就離開，更希望客人能品嚐不同的琴酒加以比較。所以也要考量到不能太容易喝醉。

關於本書的採訪，為了能號稱「低酒精調酒」，因此創作出將酒精濃度降低至平常營業的一半，也就是 3.5 ~ 4% 左右的配方。於配方做出巧思，即使在這樣的酒精濃度下也不會感到不足，同時充分品嚐到琴通寧的風味。

## The World Gin&TonicAntonic

- ■地址　東京都目黒区東山 1-9-13
- ■電話　03-6303-1729
- ■ URL　https://www.instagram.com/antonic.gin/
- ■營業時間 17:00 ~ 23:00 （週五營業至24：00。週日從 13：00 開始。週六、例假日前一天的營業時間則為 13：00 ~ 24：00）
- ■公休日　不定期休假

# 櫻尾臍橙琴通寧

ABV
35~4 %

當酒精濃度減低就會使風味不足，可藉由強化香氣來彌補這部分。在這裡並非於琴酒中加入香氣，而是使用將臍橙浸泡於琴酒製作而成的琴利口酒。帶有臍橙的甘甜香氣，以及利口酒本身的淡淡甜味，就算不習慣琴酒的人也能清爽品嚐這款調酒。最後用柳橙乾裝飾，提高整體的香氣。

「SAKURAO GIN LIQUEUR NEVEL ORANGE」
…20ml
通寧水「Schweppes」…100ml

柳橙乾

*1* 玻璃杯先放入冰塊，之後再倒入「SAKURAO GIN LIQUEUR NEVEL ORANGE」，攪拌冷卻。

*2* 倒入通寧水注滿，裝飾柳橙乾。

製造廣島產手工琴酒「櫻尾 Jin」的品牌 SAKURAO DISTILLERY，於 2021 年 11 月販售這款使用臍橙的琴利口酒。酒精濃度為 23%。

# Revive Revival

復甦再起

ABV
3 %

這款是把琴酒為基底的調酒「亡者復甦（Corpse Reviver）No.2」低酒精化，以『Antonic』風格重新呈現的調酒。原本的調酒是在琴酒中添加了君度、檸檬等柑橘系的材料，再搭配艾碧斯調製而成，而這裡則是使用帶有柑橘及肉桂香氣的琴酒，與無酒精的艾碧斯組合，最後再注滿通寧水。變化成一款具備艾碧斯的個性，充滿現代感的琴通寧。

「GOLD 999.9 GIN」…10ml
「無酒精琴酒 Nema 0.00% Absinth」…10ml
通寧水「Schweppes」…100ml

萊姆乾

*1* 玻璃杯放入冰塊，再倒入「GOLD 999.9 GIN」及「無酒精琴酒 Nema 0.00% 艾碧斯」，攪拌使其冷卻。

*2* 倒入通寧水注滿，再裝飾萊姆乾。

顯眼的金色瓶身，於法國阿爾薩斯地區製作的手工琴酒。使用了杜松子等 11 種植物。香草調性，也帶有微微的甜味。酒精濃度為 40%。

使用苦艾草及茴香等 9 種植物製作的艾碧斯風味無酒精琴酒。

# POPSMITH

普普史密斯

ABV
3.5~4 %

將『王道』琴通寧的風味，以低酒精重新呈現的調酒。琴酒使用的是「Sipsmith 希普史密斯」，用量減少至 10ml。如果只有減量會讓香氣變弱，因此搭配相同份量的無酒精琴酒，再用通寧水注滿。添加與琴酒有關的風味時，添加量大約是標準琴通寧的 2/3，不過無論琴酒或是無酒精琴酒，都使用香氣非常足夠的種類，因此就算酒精濃度低也不會感到味道薄弱。

「SIPSMITH」…10ml
「SEEDLIP SPIE 94」…10ml
通寧水「Schweppes」…100ml

檸檬乾

*1* 玻璃杯放入冰塊，倒入「SIPSMITH」及「SEEDLIP SPIE 94」，攪拌使其冷卻。

*2* 倒入通寧水注滿，裝飾檸檬乾。

以傳統的製法製作而成的倫敦乾琴酒，帶有辛辣的強烈風味，華麗的香氣為其特色。酒精濃度為 41%。

英國產的無酒精琴酒。由檸檬皮、葡萄柚皮、多香果等世界各地收集的原料蒸餾製作而成。充滿香辛味且帶有柑橘的清爽香氣。

# FUGLEN TOKYO

## 荻原 聖司

店舖經理＆調酒師

在東京都內的名店修業咖啡師 3
年後，於 2017 年進入『FUGLEN
TOKYO』。學習調酒師的知識
與技術。從 2020 年開始擔任
『FUGLEN TOKYO』的酒吧經理。
2021 年開始同時擔任富之谷店
的店經理。

**作為一間專注於咖啡的咖啡店。
運用適合調酒個性的咖啡，
也重視飲用時的順口度**

『FUGLEN（燕鷗咖啡）』是一間位於挪威的奧斯陸，從 1963 年就開始經營的咖啡店（目前日本共有 4 間分店）。

海外第一間分店為富之谷店，以咖啡、調酒及復古設計為概念。白天提供用自家烘焙豆沖泡，充滿魅力的咖啡品項，而傍晚 6 點後則轉換為酒吧，除了經典調酒之外，也提供創作調酒及無酒精調酒。調酒的品項雖然有些與奧斯陸的本店相同，不過獨創的品項也很多，並且運用日本特有的材料製作。

富之谷位於遠離繁華喧囂的涉谷，也就是所謂「裏涉谷」的位置，因此主要的客層大多都是附近的公司員工，年齡約為 20 多歲世代的年輕族群。

不知道是否因為世代差異的關係，多數人都不太接觸高酒精濃度的飲料或是酒吧文化，調酒也是選擇低酒精濃度種類的比例居多。此外，也有客人會造訪咖啡店後，在晚上也來到酒吧喝酒。因此為了讓這些人能對於調酒產生興趣，並且能輕鬆點餐，因此很重視點餐的容易度，就像是白天飲料的延續，不要太過於困難，提供低酒精濃度而且順口的調酒。

實際上在減少酒精濃度時，無論如何酒精帶給人的印象還是會變得薄弱，為了彌補這點，會運用香氣、甜味及香料等要素來取得平衡，以呈現出酒體。像是 144 頁的調酒一樣，使用香料裝飾，噴灑蒸餾酒並點火，香氣及視覺上都能帶來深刻印象而受到好評。

關於香氣部分則是運用咖啡店這項優勢，將各種具有特色的咖啡搭配調酒，提供『FUGLEN』特有的原創咖啡調酒。

## FUGLEN TOKYO

- 地址　東京都涉谷区富ヶ谷 1-16-11
- 電話　03-3481-0884
- URL　https://fuglencoffee.jp/
- 營業時間　7：00～隔天 1：00　（週一、週二營業至 22：00，沒有 Bar time。但是可點調酒）
- 公休日　無公休

# Cinnamon Frappe

肉桂冰沙

ABV 6.1 %

將咖啡店的營業時間所提供的「肉桂冰沙」變化成夜晚時間版，創作出女性也能容易入口的甜點系調酒。原本的酒精濃度約為 12%，在這裡調整成 6% 的低酒精配方。咖啡使用薩爾瓦多產的咖啡豆，沖泡成義式濃縮咖啡。白蘭姆酒減少至平常量的一半，取而代之的是增加糖漿及裝飾香料的量，藉由甜味及香氣帶出酒體。雖然有甜味卻不會久留，後味非常的清爽。

白蘭姆酒…15ml
阿瑪雷托利口酒…5ml
濃縮咖啡 Expresso…30ml
牛奶…20ml
鮮奶油…25m
肉桂糖漿…20ml

肉豆蔻（粉末）
咖啡粉

1 材料放入兩節式雪克杯，稍微搖盪久一點。

2 用濾茶網過濾，表面撒上肉豆蔻及咖啡粉。

這裡所選擇使用蘭姆酒為「PLANTTION 3 STARS」。選擇口感滑順，風味平衡的種類。酒精濃度為 41.2%

所選擇使用的咖啡豆為「Santa Gregoria/El Salvador」。薩爾瓦多產的咖啡豆非常稀少，特色是明顯的果實風味及花香。濃縮咖啡很適合搭配甜點系調酒。

# Long Slumber

長眠

ABV
5.3 %

用通寧水去兌自家製的咖啡燒酎。最後於玻璃杯中噴灑酒精濃度 50% 的艾碧斯，裝飾時也噴灑後點火。艾碧斯的香氣，以及燒烤裝飾檸檬與丁香的香氣，彌補酒精的薄弱感，也藉由火焰營造出夜晚的氣氛。調酒如果只加通寧水會變得太甜，因此蘇打水的量也減半。

咖啡燒酎（※）…20ml
艾碧斯…5ml
新鮮檸檬汁…5ml
通寧水…70ml
蘇打水…40ml

檸檬乾
丁香

艾碧斯噴霧

**1** 玻璃杯中倒入咖啡燒酎、新鮮檸檬汁、艾碧斯，放入冰塊輕輕攪拌。

**2** 倒入通寧水及蘇打水注滿。

**3** 用檸檬乾及丁香裝飾，噴灑艾碧斯並點火。

**※ 咖啡燒酎**

於酒精濃度 40% 的麥燒酎，使用淺焙的「Chelbesa/Ethiopia」咖啡豆。有如覆盆莓糖果般的甜味及類似茶的風味，即使搭配燒酎其風味也毫不遜色。浸泡咖啡豆 1 天，萃取咖啡的香氣。

艾碧斯不直接使用，而是用噴霧技法。透過香氣感受酒精。

# THE AURIENTAL

## 南　和樹

### 經營者兼調酒師

大學時期在母親經營的店裡幫忙，同時也因為在酒吧打工的關係，對酒吧的世界產生興趣而進入「Augusta Tarlogie」。在歷經了 6 年的修業之後，於「The Ritz Carlton」的主要酒吧「The Bar」工作 7 年。從 2017 年 5 月開始經營『THE AURIENTAL』。

## 除了香草及香辛料之外，也與「茶」搭配組合，彌補低酒精化的「不足」

於「Augusta Tarlogie」（68頁）修業6年，接著歷經飯店的酒吧工作後獨立開店。店內除了珍貴的威士忌之外，也提供用季節性水果調製的調酒，不過我認為作為代表大阪熱鬧街道的酒吧，應該還要具備一些獨特的風格，因此也將心力放在運用香料或茶葉製作的調酒。

會想著重於香料或茶葉，是因為過去在飯店工作時會根據特別活動推出菜單，因此有了接觸到各種材料的機會，在酒吧也用了許多平常接觸不到的材料創作調酒。目前會將中日式及西洋的茶類或香草茶使用於調酒。

茶在世界各地有許多種類，光是日本就擁有各式各樣的材料。茶除了特有的苦味及澀味之外，也帶有很棒的香氣。中式的半發酵茶等華麗的風味也很值得品嚐。還能隨著萃取方式而呈現不同的變化，可運用於各種調酒。

低酒精調酒如果只是減少烈酒的量，會讓整體變得單調。因為酒精減少而薄弱的部分，喝起來就會難以感到醇厚酒體，使風味變得模糊不清。

因此會加入水果等材料的甜味，再搭配香草類或香辛料，調製出風味的亮點或是複雜感。製作香草或香辛料的浸泡液（infusion），讓酒的個性更鮮明，就算使用量少也能喝出滿足感。

另外一種方式是搭配茶，藉由苦味、澀味及鮮味來收斂整體的風味。藉此呈現出調酒前所未有的滿足感。

尤其是水果調酒低酒精化時，會因為減少酒的含量而讓酒精的鮮味變弱，這時候可搭配香草類或其他材料與果汁做出區隔，為風味帶來酒精感。

## THE AURIENTAL

- ■地址　大阪府大阪市北区曽根崎新地 1-5-7
　　　　森ビル 3 階
- ■電話　06-6348-1008
- ■URL　https://www.facebook.com/
　　　　THEAURIENTAL/
- ■營業時間　17：00 ～隔天 1：00
- ■公休日　不定期休假

# 松露香氣
# 牛蒡法式騾子

ABV
4.1 %

白蘭地版本的莫斯科騾子。在法式料理中，有一種將松露浸泡於白蘭地萃取香氣的技法，以此為靈感，把使用松露風味的白蘭地調製而成的莫斯科騾子，變化成低酒精調酒。松露風味的白蘭地風味非常強烈，如果將伏特加版本的添加量減至一半，也能喝出滿足感。並且加入牛蒡茶液體強化香氣，就算酒精濃度降低也能享受飲酒樂趣。裝飾使用撒了松露鹽的牛蒡乾，能品嚐到松露的風味。

松露風味白蘭地（※）…15ml
牛蒡茶液體（※）…30ml
生薑泥…1/2tsp
薑汁汽水…90ml

牛蒡乾
萊姆

1 松露風味白蘭地、牛蒡茶液體、生薑泥放入玻璃杯中。

2 倒入薑汁汽水注滿，萊姆擠汁，裝飾牛蒡乾。

**※ 松露風味白蘭地**

切成碎狀的松露浸泡於白蘭地1週後過濾。

**※ 牛蒡茶液體**

於沸騰的熱水加入牛蒡茶熬煮至 1/5 程度。

# Chamomile&Elderflower

洋甘菊＆接骨木花

ABV
5.1 %

此為香草茶調酒的低酒精版。注意到「Tanqueray No. 10」所使用的植物當中也添加了洋甘菊，因此也將洋甘菊製作成浸泡液，讓琴酒的個性更加鮮明。如此一來，就算減少「Tanqueray No. 10」的使用量，酒精感也不會減弱。洋甘菊帶有類似蘋果的華麗香氣，很適合搭配帶有麝香葡萄清爽香氣的接骨木花，所以將接骨木花製作成甘露加以組合。稍微減少接骨木花甘露的量以避免太甜。

浸泡洋甘菊的「Tanqueray No. 10」（※）…15ml
接骨木花甘露（※）…20ml
新鮮檸檬汁…15ml
蘇打水…80ml

*1* 蘇打水以外的材料放入雪克杯搖盪。
*2* 倒入玻璃杯，用蘇打水注滿。

### ※ 浸泡洋甘菊的 「Tanqueray No. 10」

將洋甘菊放入「Tanqueray No. 10」以低溫浸泡 48 小時，過濾取出。

### ※ 接骨木花甘露

接骨木花 200g、砂糖 200g、水 250g、日本國產檸檬 1/2 顆

*1* 於加熱後的熱水放入砂糖溶解，再冷卻至 40℃。
*2* 於 **1** 中加入接骨木花、檸檬汁及檸檬果皮後混合，浸泡 24 小時後過濾。

# Strawberry&Rose Rossini

草莓＆羅西尼玫瑰

ABV 4.7 %

這一款是把草莓及香檳製作的「Leonard」，低酒精化製作而來的調酒。原本的調酒其草莓與香檳的配方通常為 1：1。如果只將香檳的量減少降低酒精濃度，碳酸帶來的刺激感也會隨之減弱。味道變得薄弱且單調，因此補足碳酸的同時，為避免與草莓的平衡感失調，試著尋找無糖的碳酸飲料，最後發現可使用氣泡水機來解決。為搭配薔薇科的草莓，將玫瑰茶製作成氣泡水，讓味道及香氣都能更加豐富。

草莓泥…60ml
香檳…45ml
玫瑰茶氣泡水（※）…15ml

*1* 將成熟的草莓搗爛成泥狀。

*2* 香檳倒入香檳杯中。

*3* 將香檳稍微倒入一些於 **1** 的草莓泥中，再倒入 **3**。

*4* 倒入玫瑰茶氣泡水注滿。

### ※ 玫瑰茶氣泡水
製作玫瑰茶，放入冰箱冷卻後，倒入氣泡水機注入碳酸，製作成玫瑰茶氣泡水。

# Auriental Garden

Auriental 花園

ABV
1.7%

是一款帶有杳草及水果香氣，清爽朱莉普（julep）類型的調酒。原本的調酒是在飯店工作時創作為特別活動時提供，也曾在 World Class 調酒大賽調製，將這款調酒加以低酒精化。把配方中的荔枝利口酒減量，取而代之的是茉莉花茶的澀味及香氣，以及葡萄柚的酸味及澀味，收斂整個風味。再放入碎冰及百里香葉攪拌，啜飲時也能聞到百里香的氣味。就算酒精濃度低，香氣及澀味也能增添特色，喝出豐富感。

荔枝利口酒…10ml
茉莉花茶…80ml
新鮮葡萄柚汁…10ml
糖漿…5ml
百里香…少許

百里香

*1* 玻璃杯中加入荔枝利口酒、茉莉花茶、葡萄柚汁及糖漿，輕輕攪拌後加入百里香葉。

*2* 放入碎冰充分攪拌。插入錫製的吸管，裝飾百里香。

利口酒減量取而代之的是茉莉花茶。藉由特有的香氣及澀味收斂風味，避免整體的印象過於模糊。

# 吟釀蜜瓜冰結調酒

是一款漂浮哈密瓜冰的調酒。原本是用「獺祭 燒酎」製作的調酒，在這裡於「獺祭」當中，選擇與哈密瓜相同系統的吟釀香最強烈的類型，並將其低酒精化。完全不使用冰塊以避免整體變得太稀，將哈密瓜搗爛成泥狀後，放入製冰盒冷凍使用，製作出漂浮類型的調酒。燒酎用大吟釀酒代替，為避免漂浮類型會讓風味過於模糊，因此也加入冷泡的玉露，醇和的苦味及澀味收斂味道。選擇皇冠哈密瓜，以便整年都能提供。試吃哈密瓜的味道，根據成熟程度也可以稍微加糖。

哈密瓜泥（冷凍）…120ml
「獺祭 純米大吟釀 研磨三割九分」…40ml
冷泡玉露…20ml

「獺祭」燒酎

*1* 將成熟的哈密瓜搗爛成泥狀，倒入製冰盒放入冰箱冷凍。

*2* 將 1 以及燒酎以外的材料放入攪拌機內攪拌。

*3* 倒入玻璃杯，淋上「獺祭」燒酎。放入湯匙。

在「獺祭」系列之中，選擇與哈密瓜相同系統的吟釀香最強烈的類型，使香氣呈現一致性。酒精濃度為 16%。

為避免因為低酒精化而讓整體的味道模糊，因此使用了冷泡玉露。茶葉的鮮甜能補足哈密瓜的甜味，藉由溫和的苦味及澀味收斂味道。

# Bar Leaf

## 槙永　優

經營者兼調酒師

出生於兵庫縣。2002 年畢業於
國土交通省航空保安大學校 航
空情報科。2008年從大阪的「Bar
Leigh」進入調酒師的世界。在
12 年來的經歷中，榮獲 2012 年
Suntory Cocktail World 調 酒 大
賽第一名，2017 年 World Class
日本大賽第一名等各項調酒大賽
榮譽。於 2020 年開始經營『Bar
Leaf』。

以經典調酒為基礎，
「低酒精化」成易入口
而且能輕鬆品嚐的調酒

於 2020 年 6 月，在正統酒吧林立的神樂坂開幕。為了能在神樂坂擁有個人特色，具備了許多威士忌及白蒸餾酒，不過主要還是以調酒為主提供給客人。

在獨立創業前參加了各種調酒大賽，也曾擔任過評審。在那些比賽中會有許多最新創作的調酒，因此感受到掌握業界趨勢的重要性，積極調查國外的資訊等，這些資訊不只是成為自己的知識，也希望透過店內傳達給客人知道。

其中一種方式就是把每年公布的「全世界最受歡迎的經典調酒」前 50 名，標示於店內，或是提供低酒精或無酒精調酒。具體來說，會從「全世界最受歡迎的調酒 2022」選出前幾名調酒，再將其變化成更容易入口或低酒精化後，接載於網頁介紹。

在每天接觸客人的過程中，感受到低酒精調酒已經逐漸成為業界的趨勢。因為疫情的關係提早營業時間，也有配合營業時間而提早來訪店裡的客人。這些顧客大多都不會點酒精濃度高的調酒。因此感受到低酒精調酒的市場需求。

希望在我的店內，顧客能更加了解經典調酒。然而事實卻是高酒精濃度的經典調酒佔大多數。因此對於某些客人而言，在點餐時反而會猶豫不決，所以我經常會以這些調酒為基礎，將酒精濃度減弱以便品嚐。

在降低酒精濃度時，如果單純減少烈酒的濃度會讓整體變得太稀，因此通常會增加甜味、鮮味或是苦味等以補足風味。

**Bar Leaf**
■地址　東京都新宿区神楽坂 2-21-9
　　　　MT ビル 1 階
■電話　03-4361-5220
■ URL　https://barleaf2020.com/
■營業時間　14：00 ～隔天 1：00
■公休日　不定期休假

# La Feuille

常春藤

ABV
12.9%

希望能成為店內新的特色低酒精調酒，而創作的一款調酒。將 2022 年世界調酒排名首位的「尼格羅尼（Negroni）」降低酒精濃度，調整成更容易入口的配方。琴酒使用源自於大阪的「六」。在日本料理店林立的神樂坂，帶給我的印象是焙茶。並且與紅酒的香氣組合。苦味及香氣由金巴利、焙茶及苦精來呈現。甜香艾酒（Sweet Vermouth）的紅酒感與甜味，則是由紅酒糖漿呈現。使用現泡的焙茶，所以放入雪克杯中加長時間搖盪降溫。柑橘系的清爽香氣與「金巴利」也很搭配，因此最後放上馬蜂橙的葉子。

Suntory「ROKU〈六〉」…20ml
Campari 肯巴利…10ml
Peychaud's Bitters 貝喬苦精…2dash
紅酒糖漿（※）…5ml
焙茶茶葉…1.5g
熱水…50ml

馬蜂橙葉
萊姆皮

**1** 焙茶茶葉放入熱水泡 30 秒。

**2** 將 **1** 及其他材料放入雪克杯搖盪，過濾至調酒杯中。

**3** 放入一顆冰塊，放上馬蜂橙葉裝飾。

**4** 擰擠萊姆皮。

**※ 紅酒糖漿**

100g 砂糖加入 100ml 紅酒，隔水加熱使其溶解。

調酒的主材料由左至右分別為琴酒「六」、「Peychaud's Bitters」貝喬苦精，以及熱焙茶。為了能在減少金巴利使用量的同時增添苦味，因此使用了苦精與焙茶。

# Afternoon White Lady

午後白色佳人

ABV 12.1%

「White Lady（白色佳人）」是受歡迎程度與「馬丁尼（Martini）」並列的琴基底調酒。將酒精濃度約為 30% 的這款調酒，調整成低酒精化的配方。將基底的琴酒減少至 1/3 的量，並且加入以「Tanqueray No. 10」為概念，現場製作的無酒精琴酒。另外，酒精濃度減少而讓酒體薄弱的部分，則是藉由少量的糖漿及柳橙苦精來補足味道。調酒名稱是以下午飲酒的客人為意象命名而來。這款調酒的製作方式，在變化其他琴酒調酒時也能加以應用。

現做無酒精琴酒（※）…30ml
Tanqueray No. 10…10ml
君度酒（Cointreau）…10ml
檸檬汁…10ml
簡易濃糖漿…2.5ml
柳橙苦精…1drop

柳橙皮

*1* 所有材料放入雪克杯搖盪，倒入調酒杯中。

*2* 擰擠柳橙皮並裝飾。

**※ 現做無酒精琴酒**

杜松子 3g、芫荽籽 1g、八角 2 個、小荳蔻 1 個壓碎，加入 1 tsp 的洋甘菊，倒入 60g 熱水，浸泡 3 分鐘後過濾。

# Sustainable Aperol Spritz

永續艾普羅香甜酒

ABV
2.3 %

使用了「Aperol」的這款調酒，在「全世界最受歡迎的調酒」前 50 名排名中高居第 6，甚至在瓶身的背面也寫著配方。然而在日本卻不為人所知。原因在於每次都必須要開封發泡性的紅酒「Prosecco」，在各種意義上都很難以提供給客人。而我則試著將「Aperol Spritz」變化成永續性的調酒。製作成甘露會使 Aperol Spritz 的氣泡感消失，因此最後加入蘇打水完成。如此一來可降低酒精濃度，變得更容易入口，也確實保留了 Prosecco 氣泡酒的味道。

Aperol…40ml
Prosecco 甘露（※）…20ml
蘇打水…120ml

柳橙皮

*1* 蘇打水以外的材料放入雪克杯中搖盪，倒入裝有冰塊的葡萄酒杯中。

*2* 倒入蘇打水注滿，輕輕攪拌。

*3* 擰擠柳橙皮並裝飾。

### ※Prosecco 甘露

Prosecco 50g、砂糖 50g、檸檬酸 1g、蘋果酸 1g、酒石酸 1g 混合，隔水加熱使其溶解，再放入 70g 的檸檬汁。

義大利的藥草系利口酒。與風味相似的「金巴利」相較之下苦味較安定，接近橘色。酒精濃度為 11%。

# Natural Amaretto Sour

自然阿瑪雷托沙瓦

一般的「Amaretto Sour」，其阿瑪雷托（Amaretto）的味道非常強烈。原本是一款酒精只有 Amaretto 的簡單調酒，因此將 Amaretto 的量減半，降低酒精濃度。然而這卻會使 Amaretto 特有的香氣減弱，所以加入藥草酒 Amaro、蜂蜜甘露等流行的材料，即使酒精濃度減少，也無損這款調酒原本的個性，而且更容易入口。

Amaretto
「Adriatico Roasted Almond」…20ml
Amaro「Montenegro」…20ml
蜂蜜洋甘菊甘露（※）…25ml
Angostura 苦精…4drop
蛋白…1 顆份

柳橙皮
Griottines
檸檬皮

1 所有材料乾搖（dry shake）後再搖盪，倒入放有冰塊的岩杯。

2 裝飾柳橙皮及 Griottines。

3 擰擠檸檬皮。

### ※ 蜂蜜洋甘菊甘露

洋甘菊 3g 與水 75g 浸泡 3 分鐘。加入蜂蜜 50g、檸檬 100g。

僅用了杏仁製作而成的 Premium Amaretto。酒精濃度為 16%。

甜味中帶有苦味的藥草系利口酒。酒精濃度為 23%。

# Sunset Sherry Cobbler

日落雪莉酒皮匠

ABV 9.1%

將經典款而且屬於低酒精的調酒「雪莉酒皮匠」，以「在南國的日落海邊品嚐的調酒」為意象加以變化。原本的配方是在雪莉酒中，分別加入 1 tsp 的柳橙古拉索及馬拉斯加（Maraschino），酒精濃度約 16%。將其變化成清爽好入口的現代風調酒，並且降低酒精濃度。順口而且後味也非常俐落。再用粉紅胡椒及苦精點綴風味。

Amontillado 雪莉酒…60ml
Moscatel 雪莉酒…15ml
切塊柳橙…1/4 個
檸檬汁…5ml
BOB'S BITERS「SUNSET」…1dash
粉紅胡椒糖漿（※）…10ml

柳橙片
薄荷葉

*1* 切塊柳橙榨汁，加入其他材料搖盪，過濾至高腳杯（Goblet）。

*2* 加入碎冰，裝飾柳橙片、薄荷葉及紙吸管。

### ※ 粉紅胡椒糖漿

紅酒 100ml 加入砂糖 100g，隔水加熱溶解後，將粉紅胡椒（顆粒）3.3g、水50g、砂糖 50g 放入鍋中，沸騰後轉小火熬煮 15 分鐘。過濾冷卻。

基底為 2 種雪莉酒。照片左邊為帶有熟成風味的Amontillado。右邊為甘口的 Moscatel。透過組合兩種呈現豐富的味道。

減少酒精濃度的部分，使用苦精增添特色。

# INDEX 索引

【調酒類型區分】

● 其他 （吃的調酒）

【技法區分】

【酒精濃度區分】

**TITLE**

微醺最美！調酒師嚴選低酒精調酒 & 飲品

**STAFF**

| | |
|---|---|
| 出版 | 瑞昇文化事業股份有限公司 |
| 作者 | 旭屋出版編集部 |
| 譯者 | 元子怡 |

| | |
|---|---|
| 創辦人 / 董事長 | 駱東墻 |
| CEO / 行銷 | 陳冠偉 |
| 總編輯 | 郭湘齡 |
| 文字編輯 | 徐承義　張聿雯 |
| 美術編輯 | 謝彥如 |
| 校對編輯 | 于忠勤 |
| 國際版權 | 駱念德　張聿雯 |

| | |
|---|---|
| 排版 | 曾兆珩 |
| 製版 | 明宏彩色照相製版有限公司 |
| 印刷 | 龍岡數位文化股份有限公司 |

| | |
|---|---|
| 法律顧問 | 立勤國際法律事務所　黃沛聲律師 |
| 戶名 | 瑞昇文化事業股份有限公司 |
| 劃撥帳號 | 19598343 |
| 地址 | 新北市中和區景平路464巷2弄1-4號 |
| 電話 | (02)2945-3191 |
| 傳真 | (02)2945-3190 |
| 網址 | www.rising-books.com.tw |
| Mail | deepblue@rising-books.com.tw |

| | |
|---|---|
| 初版日期 | 2023年8月 |
| 定價 | 550元 |

**ORIGINAL JAPANESE EDITION STAFF**

| | |
|---|---|
| 撮影 | 後藤弘幸、曾我浩一郎（本誌）、佐々木雅久、川井裕一郎、間宮　博 |
| デザイン | スタジオ　ア・ドゥ（もりやまあつこ、林優子） |

國家圖書館出版品預行編目資料

微醺最美!調酒師嚴選低酒精調酒&飲品 = Low
alcohol cocktail & drink/旭屋出版編集部作；元子怡
譯. -- 初版. -- 新北市：瑞昇文化事業股份有限公司,
2023.08
176面；19x25.7公分
譯自：低アルコールカクテル・ドリンク
ISBN 978-986-401-651-8(平裝)

1.CST: 調酒 2.CST: 酒精飲料

427.43　　　　　　　　　　　112011386